AVENTURES

DES

OS D'UN GÉANT

HISTOIRE FAMILIÈRE

DU

GLOBE TERRESTRE AVANT LES HOMMES

PAR

S. HENRY BERTHOUD

PARIS

LIBRAIRIE PARISIENNE

DUPRAY DE LA MAHÉRIE ET Cᵉ, ÉDITEURS

14, RUE D'ENGHIEN, 14

—

1863

PARIS. — IMPRIMERIE PARISIENNE,
Dupray de la Mahérie et Cᵉ, Boulevart Bonne-Nouvelle, 26
(impasse des Filles-Dieu 5).

AVENTURES

DES OS D'UN GÉANT

IMPRIMERIE PARISIENNE. — DUPRAY DE LA MAHÉRIE ET Cie
26, Boulevart Bonne-Nouvelle, Impasse des Filles-Dieu, 5.

AVENTURES

DES

OS D'UN GÉANT

HISTOIRE FAMILIÈRE

DU

GLOBE TERRESTRE AVANT LES HOMMES

PAR

S. HENRY BERTHOUD

⸺⸺⸺

PARIS

LIBRAIRIE PARISIENNE

DUPRAY DE LA MAHÉRIE ET Cⁱᵉ, ÉDITEURS

14, RUE D'ENGHIEN, 14

1862

AVENTURES

DES

OS D'UN GÉANT

CHAPITRE PREMIER

LE CHAMP DE LA MÈRE JAVOTTE

C'est une grosse affaire pour un paysan que d'acheter une pièce de terre.

Or, depuis plus de vingt ans, Pierre Maréchal convoitait un lopin de terrain contigu à sa propriété et de nature à l'arrondir de la façon la plus désirable.

Par malheur, ce lopin appartenait à la mère Javotte, vieille femme qui le laissait en friche et y récoltait à peine, dans un petit coin, assez de pommes de terre pour sa provision. Néanmoins, elle ne voulait point entendre parler de vendre son *bien*, comme elle appelait ce champ avec une certaine emphase ; et jamais personne, excepté elle, n'avait mis le pied dans l'enclos, fermé par de hautes et épaisses haies et une porte en chêne toujours verrouillée et cadenassée.

Plus Javotte résistait aux offres de Pierre, plus celui-ci sentait croître en son esprit le désir ardent de devenir acquéreur de ce demi-arpent de terre, à propos duquel il avait fait déjà et faisait encore mille projets.

« Ici, disait-il, je planterai de l'avoine, plus loin du blé, car il ne manque que des engrais et de l'eau pour transformer cette espèce de lande en sol fécond. Or, les engrais se font avec des chevaux et des vaches, et, grâce à Dieu ! je possède deux des premiers et trois des secondes. Quant à l'eau, elle se trouve partout en ce pays à peu près à fleur de terre, et je tiens pour certain qu'il ne faudrait point creuser à trois mètres de profondeur pour obtenir le meilleur puits qu'il y ait à dix kilomètres à la ronde. Ce puits et celui que je possède près de ma ferme me fourniraient de quoi arroser matin et soir, et, si je le voulais, soir et matin, mes nouvelles cultures et mes nouveaux prés.

Il y a loin entre la coupe et les lèvres, professe un proverbe ; le pauvre Pierre put vérifier pendant bien du temps encore l'exactitude de cet axiome.

Enfin, un beau matin de printemps, sa vieille voisine entra chez lui, et s'assit au coin de la grande cheminée dans laquelle brûlait un feu « à rôtir un bœuf », comme elle le fit observer.

— Maître Pierre, dit-elle, après avoir toussé à se rompre la poitrine, vous m'avez offert six cents écus de mon bien, si vous voulez m'en donner sept cents il est à vous.

— Diantre, diantre, répondit Pierre en se grattant le menton, c'est bien de l'argent, voisine ! Je vous dirai que les six cents écus que je vous ai offerts représentent et au-delà la valeur de votre terrain ; doncques, je n'en puis donner un denier de plus.

Et, en parlant ainsi tout haut, il se disait tout bas en lui-même : La vieille a, j'en suis sûr, besoin d'argent, profitons de ce besoin pour lui tenir la bride serrée.

La Javotte redressa tant bien que mal sa taille courbée par l'âge, regarda en face de ses yeux éraillés et bordés de rouge le fermier, et se prit à rire d'un rire silencieux, semblable au rire des sauvages de l'Amérique du Nord ; rire dont les voyageurs qui en ont été témoins ne parlent qu'avec une sorte de terreur.

— A l'heure qu'il est, compère, c'est sept cent dix écus que je veux de mon bien, articula-t-elle d'une voix nette et railleuse.

— Soyez donc raisonnable, voisine, et observez...

— Sept cent vingt écus.

— Que diantre, causons un peu, et laissez-moi vous dire...

— Sept cent trente écus.

— Allons chez le notaire, interrompit Pierre, vous aurez vos sept cents écus.

— J'ai dit sept cent trente.

— Soit, mais partons, se hâta d'ajouter le fermier qui craignait de voir la vieille femme augmenter encore la somme.

— En route, mon voisin ! Seulement, laissez-moi vous stipuler que vous me donnerez, comme épingles, un beau jupon de futaine neuf, un manteau de gros drap, et deux paires de sabots.

Pierre étouffait de colère, mais il s'efforça de prendre

un visage souriant pour affirmer qu'il acceptait encore
« ces petites conditions. »

Enfin ils arrivèrent chez le notaire. Celui-ci, après
avoir écouté les minutieuses et défiantes recommanda-
tions du nouvel acquéreur, Pierre, et les dires non
moins défiants de la propriétaire du terrain, dame
Javotte, rédigea un acte en bonne et due forme que maître
Pierre non-seulement se fit lire et relire trois fois,
mais encore qu'il lut lui-même depuis la première ligne
jusqu'à la dernière. Après quoi il apposa sa signature
au bas de la page et présenta la plume à sa voisine.

— Où est l'argent? demanda celle-ci, car c'est de l'argent ou de l'or bien *trébuchant* que je veux, entendez-
vous? Il ne me faut ni pièce rognée, ni de poids douteux.

— De bons billets de banque valent bien tout autant,
objecta Pierre, en tirant de sa poche un gros porte-
feuille.

— Je ne veux ni de vos billets, ni de rien autre chose
que des écus.

— Allons, ma bonne dame, apaisez-vous, dit le
notaire. Je vais vous donner en échange des billets de
l'acquéreur de beaux napoléons d'or tout neufs, car
vous ne pourriez emporter deux mille cent quatre-
vingt-dix francs en monnaie d'argent.

Pierre avait bien de la peine pendant ces débats à
contenir son impatience. Enfin, la vieille, après avoir
compté, pesé, soupesé, fait tinter et miroiter ses pièces
d'or, consentit à donner sa signature, ce qu'elle n'a-
cheva que laborieusement et avec une lenteur à déses-
pérer l'homme le plus calme et le moins désintéressé
dans la question qui se traitait.

— Palsembleu ! ne put s'empêcher de s'écrier Pierre, quand tout fut fini ; palsembleu, ce n'est pas sans peine que la chose s'est faite, mais elle l'est à la fin! Après tout je gagne une bonne petite somme, car j'étais disposé à donner sans hésiter mille écus de ce bout de terre, qui fait mon envie depuis tant d'années.

La vieille, qui venait de serrer dans un sac de grosse

La mère Javotte.

toile sa dernière pièce d'or, se tourna lentement vers Pierre.

— Mon garçon, lui dit-elle, tu passes pour le plus fin

et pour le plus malin du village, mais entre nous tu n'es qu'un niais. Si tu étais venu, il y a vingt ans, me dire rondement et sans finasser : la mère, combien voulez-vous de votre bien ? je t'aurais répondu : quatre cents écus, et tu l'aurais eu sur l'heure. Mais au lieu de cela, tu as mis en avant mille manigances, tu as cherché à me tromper, à payer ma propriété au-dessous de sa valeur, et tu as même spéculé sur ma mort, en te disant : les héritiers seront peut-être plus faciles qu'elle. Eh bien ! tu paies tout cela aujourd'hui. Adieu, mon garçon !

Pierre l'écouta dire, en se grattant l'oreille.

— Après tout, j'ai le coin de terre, et c'est tout ce que je voulais, allégua-t-il en se tournant vers le notaire, devant lequel il lui était pénible de s'entendre parler ainsi. Je le paie son prix, rien de plus, rien de moins, et avant deux années il vaudra par mes soins plus du double de ce qu'il vaut aujourd'hui. Au revoir, je vais prendre sur l'heure possession de mon nouveau bien.

CHAPITRE DEUXIEME

LA BELETTE

En achevant ces mots, maître Maréchal se rendit dans le champ qu'il venait d'acquérir, en ouvrit la porte d'une main enfiévrée de bonheur, la referma derrière lui, et seul, sans témoin, oubliant tous les petits déboires qu'il venait d'éprouver, il s'assit sur le rebord d'un fossé. Là il contempla ou plutôt il dévora des yeux l'objet d'une si longue convoitise. Ce fut pour lui un instant d'immense bonheur, qui rachetait tout ce qu'il avait souffert de ses désirs affamés et inassouvis durant vingt années.

Il se releva brusquement.

— A l'œuvre, s'écria-t-il, à l'œuvre ! Puisque tu es a moi, il faut que chacun reconnaisse avant peu que je suis un bon maître et qu'il y a du plaisir à être en ma possession. A bas toutes ces ronces, toutes ces herbes sauvages !

Ohé ! *la Belette !* ajouta-t-il en faisant un porte-voix de ses deux mains et en hélant un de ses garçons de ferme ; ohé ! ici avec ta bêche.

Le garçon de ferme accourut.

C'était un paysan qui se nommait Claude Simon ; sa

malice déguisée lui valait dans le village le sobriquet de *la Belette*.

— Voici qui m'appartient, dit Pierre avec un sentiment de supériorité et d'orgueil. Passe-moi ta bêche, que je donne le premier coup sur ma terre. Après cela tu démoliras la partie de cette méchante haie qui sépare en deux mon champ et ma ferme, et tu déterreras les pommes de terre qui poussent çà et là dans ce coin.

Le paysan écoutait son maître bouche béante.

— Seigneur mon Dieu ! ce bien est à vous ? dit-il en levant les mains par un mouvement calculé de fausse surprise. C'est donc vrai, ce que me disait à l'instant la vieille Javotte, qu'elle vous l'a vendu et que vous le lui avez payé un gros prix. Après tout vous avez bien fait, notre maître. La chose était à votre convenance, et il faut payer sa convenance quand on peut la satisfaire et qu'on est assez riche pour ça. Tout le monde parle de la sorte à ce sujet dans le village. On dit que M. Pierre Maréchal a payé son coin de terre plus du triple de sa valeur, mais chacun est maître de faire ce qu'il veut, et l'argent appartient à celui qui l'a. Il faut donc les laisser dire et les laisser rire, n'est-ce pas ?

— Tais-toi, imbécile, dit maître Pierre qui eût volontiers fermé d'un revers de la main la bouche de ce railleur hypocrite : tâche que tes bras fassent de la meilleure besogne que ta langue, et que ce soir, à mon retour, je trouve fait et bien fait, entends-tu ? le travail que je viens de t'ordonner !

Là-dessus, il sortit du champ, et la Belette, les deux mains appuyées sur sa bêche, le suivit quelque temps des yeux. Puis faisant un mouvement de joie triviale :

—N'importe! mâchonna-t-il, n'importe le bourgeois vient de rager un bon coup.

Et il se mit en ricanant à défoncer le terrain aux pommes de terre.

CHAPITRE TROISIÈME

OU MAITRE MARÉCHAL N'A PAS LE CŒUR CONTENT

« Le désir centuple le prix de l'objet que l'on aspire à posséder, disait Fontenelle, et l'attente et l'impatience ajoutent chaque jour un zéro nouveau à l'unité que représente cet objet.

» La possession au rebours produit un effet complétement opposé; chaque jour elle efface un de ces zéros imaginaires; heureux encore quand elle ne fractionne pas l'unité. »

Maître Pierre Maréchal ne tarda point à expérimenter la vérité de ce sévère axiome du vieux mathématicien du dix-huitième siècle.

Les premiers jours, il ne se sentait point de joie à la vue de sa nouvelle acquisition; il se levait au point du jour pour la visiter dans les moindres recoins, et pour s'assurer que la Belette s'acquittait en conscience de sa besogne d'arracher les mauvaises herbes et de défoncer le terrain.

Or, les mauvaises herbes disparues, il se trouva que le terrain se composait d'une argile de détestable nature, et mélangée de pierres sans nombre qui descendaient à plus d'un mètre pour s'arrêter sur une couche de craie; ce que la Belette, avec sa perfide bonhomie, avait soin à chaque instant de faire observer au fermier.

— Sapristi! disait-il en essuyant son front bas, étroit et baigné de sueur, sapristi! la mère Javotte avait de bonnes raisons pour laisser en jachères cet infernal nid à cailloux! Elle ne savait que trop combien le travail, le labourage et même le fumier ne pouvaient rien pour le rendre cultivable.

Maître Pierre ne put réprimer un moment d'impatience.

— Qui donc eût pu prévoir, ajouta la Belette, en voyant la colère secrète que maître Pierre s'efforçait assez mal de contenir, qui donc eût pu prévoir que, côte à côte du terrain d'or de votre ferme, il se trouvait un pareil banc de pierres? Quand on dit que la mère Javotte est un peu sorcière, j'ai quasiment envie de le croire. D'autant plus que ma grand'mère, qui ne compte pas moins de soixante-dix-sept ans, s'il vous plaît, et qui sait sur le bout de ses vieux doigts toutes les histoires du temps passé, m'a dit en hochant la tête, quand je lui appris l'achat que vous veniez de faire pour sept cent trente écus...

— Et qui t'a donc appris quelle somme j'avais donnée? demanda maître Maréchal, dont la colère commençait à se faire jour, en dépit de ses efforts pour la contenir.

— Qui, vraiment? Eh! pardieu, la Javotte qui s'en frottait gaîment ses grandes mains sèches et noires, ressemblant quasiment à une fourche, et dont les ongles sont si longs et si pointus qu'on les prendrait volontiers pour des griffes.

« Ah ! il voulait me mettre dedans, rabâche-t-elle à
qui veut l'entendre... Eh ! bien, c'est moi qui lui ai
donné une bonne leçon ! Il enfouira dans son nouveau
bien plus de louis d'or qu'il ne m'en a donnés pour l'acquérir. Avant qu'il envoie à la ville assez de récolte
rien que pour recueillir de leur prix les intérêts des sept
cent trente écus que j'ai là dans ma poche, il s'écoulera
plus d'un jour ! Il ne sait donc pas que mon bien a été
au temps d'autrefois le bien du géant Bras-de-Fer, et
que tout ce qui a été le bien de Bras-de-Fer est maudit à tout jamais. »

— Imbécile ! crois-tu que j'attache la moindre importance à tous ces contes de vieilles femmes ? interrompit maître Pierre.

— Ma fine, répondit la Belette, je n'y crois guère
plus que vous, cependant je me suis senti froid quand
j'ai entendu dire à ma grand'mère les propres paroles
que la Javotte m'avait dites : « Ce bien-là a été le bien
de Bras-de-Fer, et tout ce que ce géant a possédé en ce
monde est maudit à tout jamais. C'est une vilaine affaire
que ton maître a faite là, mon pauvre garçon. »

Maître Maréchal se croyait un esprit fort, parce qu'il
avait deux ou trois fois suscité de mauvaises et d'in-
justes tracasseries au curé du village, excellent et pieux
vieillard que chacun vénérait et aimait ; car, suivant
les préceptes de son divin maître, il donnait tout ce
qu'il possédait aux pauvres, et s'ôtait souvent, à la lettre,
le pain de la bouche pour procurer à manger à ceux qui
avaient faim, à boire à ceux qui avaient soif, et des vêtements à ceux qui étaient nus. On le trouvait toujours
prêt, le jour comme la nuit, à consoler les affligés, à

soutenir ceux qui allaient succomber, et à solliciter le pardon de ceux qui avaient commis quelques fautes.

Néanmoins, malgré l'espèce de vanité brutale qu'il tirait de sa méchante conduite envers le saint homme, et la supériorité d'intelligence qu'il s'attribuait avec fort peu de modestie et de droit, Maréchal se sentit *rire jaune*, comme on dit, en entendant les paroles de la Belette.

— Sottises que tout cela! interrompit-il, autant pour se soustraire aux propos de son valet de charrue qu'à ses propres pensées. Sottises que tout cela! ajouta-t-il avec la craintive fanfaronnerie d'un enfant qui la nuit chante bien haut parce qu'il a peur.

— Vous êtes mon maître, et vous devez avoir raison! riposta la Belette.

— Quand mon puits sera creusé et que j'aurai de l'eau à mon gré, toute cette mauvaise terre deviendra excellente.

— M'est avis qu'il faudra creuser bien profond avant de trouver cette eau.

— Tu n'es qu'un imbécile, et tu ne sais ce que tu dis.

— Vous êtes mon maître, vous me donnez trente écus par an pour que je laboure vos champs et que je pioche votre terre, je n'ai rien à vous répondre, répliqua la Belette en soulevant le vieux bonnet de coton qui couvrait ses cheveux courts, gros, hérissés et assez semblables à une brosse usée. Après tout, que m'importe que l'eau se rencontre vite ou tard et que la craie remonte presque jusqu'à la surface du sol, je n'en mangerai point chaque soir une cuillerée de soupe de moins à mon repas, et je ne mourrai ni de soif ni de faim, comme toutes les récoltes qu'on sèmera ici... Car, se hâta-t-il d'ajouter, vous êtes un bon maître pour vos domestiques, et ce n'est point à votre ferme qu'on pèse le pain et qu'on mesure la boisson ; il n'y a pas à vingt lieues à la ronde une maison si juste et si bienfaisante que la vôtre.

Pendant que le valet de charrue parlait ainsi, maître Pierre se promenait à grands pas dans les champs et n'avait que trop d'occasions d'y vérifier la justesse des observations de la Belette. A chaque pas, il trouvait d'irréfutables preuves de l'incurable stérilité de ce lieu maudit. La Belette le regardait faire en silence.

— Ma grand'mère raconte encore, dit-il enfin quand il vit maître Maréchal s'essuyer le front et battre du pied la terre, ma grand'mère raconte encore qu'autrefois il passait en ce lieu-ci une grande route, construite, il y a des siècles et des siècles, quand les paysans croyaient encore au démon, qu'ils adoraient au lieu du vrai Dieu. Ça expliquerait ces couches de cailloux qui semblent collés les uns aux autres, et ne former à quatre pieds de terre qu'une seule et même pierre.

— Elle pourrait bien avoir raison ! murmura maître Maréchal en se parlant à lui-même.

— Elle dit que le géant Bras-de-Fer, qui possédait un château dans le pays, un jour s'étant sali de boue la semelle de ses souliers, en avait éprouvé tant de mécontentement que, sur l'heure, il avait arraché de terre et chargé sur son épaule une colline qui s'élevait à côté de celle que vous voyez là-bas. Puis, l'apportant ici, il s'était mis à la piétiner de façon à en fabriquer en quelques instants une route excellente et sur laquelle il pouvait passer désormais, sans crainte de s'enfoncer dans la vase. Au marais disparu, succéda donc une voie carrossable et dure à briser les roues d'un chariot.

— As-tu bientôt fini de me conter tes rapsodies? demanda durement maître Maréchal à la Belette; te payai-je pour bavarder au lieu de travailler?

— Ma fine, je n'ai point de cœur à faire de la besogne inutile et à imiter un cheval de manége, en tournant toujours sur moi-même sans avancer d'un pas. Vous savez bien que je ne boude pas quand il s'agit de mener dans une bonne terre une charrue attelée de deux beaux bœufs, comme ceux que vous avez dans votre étable, et à l'égard desquels l'aiguillon devient presque un jouet inutile; mais ici, rien que de regarder la besogne, j'en ai les bras cassés.

Maître Maréchal partageait sans doute un peu cet avis, car il s'éloigna sans répondre, et tirant de sa poche sa pipe, il battit le briquet pour l'allumer, ce qui signifiait chez lui qu'il sentait le besoin de se calmer par quelques bonnes bouffées de tabac.

CHAPITRE QUATRIÈME

HISTOIRE DU GÉANT BRAS-DE-FER

La Belette, comme on le voit, n'était point un garçon d'humeur agréable et d'esprit bienveillant. Aussi, moitié pour le plaisir de bavarder, moitié par taquinerie, raconta-t-il dans tout le village à qui voulut l'entendre, que son maître avait été habilement trompé par la vieille Javotte, que le champ acheté par lui ne valait pas le quart du prix qu'elle en avait reçu, et que l'acquéreur commençait à se mordre les doigts de cette affaire.

Quoiqu'on fût au commencement du printemps, on ne s'en réunissait pas moins encore dans une grange pour y faire la veillée et travailler en commun. Je n'ai pas besoin de vous dire que l'acquisition du champ et les déceptions de l'acquéreur fournirent naturellement les frais de l'entretien. On ne pouvait pardonner à maître Maréchal de posséder plus de bien que la plupart de ceux qui composaient la veillée : on tomba donc sur lui tant qu'on put.

La grand'mère de la Belette, placée le plus près de la lampe, car son grand âge affaiblissait sa vue, cherchait à saisir, de son oreille durcie par le temps, le sujet d'un entretien qui causait tant d'animation. Elle appela son petit-fils près d'elle et l'interrogea.

Celui-ci, formant de ses mains une sorte de cornet acoustique, la mit au courant de la conversation.

— Ah! dit-elle en arrêtant son rouet, je plains Pierre Maréchal d'être le possesseur du champ de Javotte. C'est un lieu maudit qui ne profitera jamais à personne et qui fait partie du domaine de Bras-de-Fer.

— Là, voyez-vous! s'écria la Belette triomphant, écoutez ce que dit ma mère-grand!...

— Oui, reprit la vieille femme, oui, depuis septante et des années que j'habite ce village, je n'ai jamais vu que de mauvaises herbes et des ronces pousser dans ce terrain de malédiction. Le père de Javotte y a dépensé des mille et des cents sans jamais pouvoir y rien faire venir. Il en a été de même du mari de la pauvre femme. Aussi, après la mort de ce dernier, laissa-t-elle son bien en friche, feignant de ne point le cultiver par tristesse et folie. Maître Pierre Maréchal était arrivé depuis peu dans le village pour y exploiter une ferme qui lui échéait par héritage. Étranger au pays, il ne savait rien sur les histoires que l'on racontait du terrain de la Javotte. Celle-ci s'arrangea de manière à ce qu'il convoitât ce terrain; elle lui tint habilement la dragée haute pendant vingt ans. Il a peu à peu donné dans le piége. Dieu veuille qu'il ne résulte pour lui, dans cette affaire, d'autre malheur que la perte de ses écus!

— Mais enfin, demanda un des assistants, quel était ce redoutable Bras-de-Fer qui fait encore tant de mal si longtemps après sa mort?

La Belette répéta aussitôt à l'oreille de sa mère-grand la question qui venait d'être faite.

— Ce qu'il était? Jésus!... répondit-elle. Ce qu'il était?... un géant et un sorcier, rien que cela !

« Figurez-vous, qu'il y a des années et des années, notre village appartenait à un vieux comte nommé Hugues. Ce seigneur n'avait point voulu partir pour la croisade, comme les autres sires du pays, alléguant son grand âge, la protection qu'il devait à sa fille qui venait de naître, et à quatorze fils à élever, dont le plus vieux atteignait à peine sa dix-septième année.

» On le blâma généralement d'en agir de la sorte, et le roi, qui l'avait convié à l'accompagner en Terre-Sainte, lui prédit qu'il lui adviendrait malheur s'il résistait à ses exhortations et à son exemple.

» Le comte Hugues tint bon et ne partit point.

» En apprenant les désastres qui frappaient les croisés, en Syrie, le vieux seigneur se félicita du parti qu'il avait pris.

» Il continua à s'en féliciter longtemps; car tout semblait lui réussir : son domaine prospérait, ses fils devenaient grands et sa fille approchait de l'âge où son père devrait bientôt songer à la marier. C'est vous dire qu'environ quinze ans s'étaient écoulés.

» Un matin que le seigneur Hugues chassait dans la forêt voisine avec ses quatorze fils, il entendit tout à coup un bruit épouvantable qui se rapprochait de plus en plus. Le cerf poursuivi, s'arrêta brusquement et revint sur ses pas sans tenir compte des chiens qui, altérés eux-mêmes, la tête basse et la queue entre les jambes, poussaient des hurlements lamentables. Le chevaux, les naseaux au vent, le corps couvert de sueur, cherchaient à tourner bride en dépit des efforts de leurs cavaliers, enfin les oiseaux s'envolaient de dessus les arbres et se sauvaient à tire d'aile.

» Cependant le bruit allait toujours croissant, et le comte et ses fils ne tardèrent point à constater que ce fracas sans exemple était produit par des arbres de haute taille, qui se brisaient et qui tombaient les uns sur les autres.

» Bientôt, hélas! ils connurent la cause de ce désastre. Un géant, de stature immense, arrivait vers eux à travers le plus épais du bois, et écrasait sous ses pieds les arbres comme vous et moi écrasons les tiges d'herbe en traversant une prairie.

» Si braves que fussent les quatorze fils du comte Hugues, ils se sentirent pris d'une véritable terreur; quant au comte, prêt à défaillir, il se fût enfui s'il en eût trouvé la force.

» Le géant, à la vue des chasseurs et de leur père, s'arrêta avec une joie véritable.

» — Enfin, dit-il, je rencontre quelqu'un à qui parler! Depuis ce matin, tout le monde a fui si loin, que, malgré mes jambes qui ne sont pas mignonnes, vous le voyez, je n'ai pu accoster personne.

» En s'exprimant ainsi, il montrait ses jambes de la taille d'un clocher; quant à sa voix elle ressemblait au tonnerre durant sa plus grande fureur.

» — Or çà, dit-il, causons.

» Et pour se mettre plus à la portée de ses auditeurs, il s'assit au milieu des arbres abattus qui craquèrent et s'affaissèrent sous son poids. Lorsque son corps toucha

le sol, ce sol, s'ébranla sous lui, comme il arrive dit-on
en un tremblement de terre.

» — Le pays me plaît, dit-il, et je compte y passer
quelque temps. La mer ne se trouve éloignée du village
que de trois ou quatre lieues, c'est l'affaire de dix minutes pour m'y rendre, et je pourai trouver ainsi les
moyens de me baigner commodément, car la rivière
qui coule dans le village, n'est ni assez large, ni assez
profonde pour moi.

» Et aussi certain que je vous parle, il disait vrai.

» Faisons connaissance, continua-t-il, et réglons
nos conditions. Je me nomme Bras-de-Fer, et je possède
comme nécromancien autant de puissance que j'ai de
force comme géant ; l'enfer m'obéit s'il me plaît, et
depuis que je suis descendu de la lune dans ce monde
inférieur, personne n'a songé encore à me résister. Or,
je ne pense pas que ce soit vous qui m'obligiez à recou-
rir aux puissances infernales. Écoutez donc et suivez à
la lettre mes ordres pour le peu que vous teniez à votre
peau.

» En parlant ainsi, et en manière de passe-temps, il
prit dans le creux de sa main trois ou quatre des chiens
de chasse et souffla doucement dessus. Les pauvres
bêtes s'envolèrent comme de la poussière, si haut, si
haut, si haut, qu'elles mirent plus d'un quart d'heure
à retomber. Je n'ai pas besoin d'ajouter qu'elles se
brisèrent comme verre sur le sol.

» — Réglons donc nos conditions, reprit le géant. Je
possède un assez bon appétit. Chaque matin, au lever du
soleil, je veux trouver en me réveillant dix-huit moutons
proprement rôtis, une charretée de pain de six livres,

et trois tonneaux de vin. Mon diner se composera de quinze bœufs, également rôtis, d'une dizaine de veaux à la brochette, et de douze tonneaux de vin avec cinq charretées de pain. Allez je dine à midi, et il est neuf heures; vous n'avez quele temps de préparer mon repas.

» En attendant qu'on me serve deux tonneaux de vin, je me sens quelque peu soif.

» Il fallait obéir ou périr. Le comte Hugues et ses fils préférèrent l'obéissance à la mort et un quart d'heure ne s'étaient pas écoulé qu'on apportait sur une voiture les deux tonneaux de vin demandé par Bras-de-Fer. Il les but d'un trait, comme vous et moi aurions pu boire un verre de la même liqueur.

» Dois-je vous dire qu'à peu de jours de là le pays se trouvait complétement affamé et qu'il n'y restait ni un bœuf, ni un mouton, ni une poignée de blé.

» Le comte vint en grande peine annoncer cette disette à Bras-de-Fer.

» Tu as de l'or caché dans ton château, partage-le entre tes quatorze fils, et envoie-les de quatorze côtés différents pour qu'ils achètent toutes les provisions qu'ils trouveront dans les provinces voisines.

» Jusqu'à leur retour qui ne tardera point, je le veux, je vivrai des produits de ma chasse; les forêts sont giboyeuses et j'y trouverai à glaner par jour une dizaine de cerfs, et le double de chevreuils.

» Le comte faillit s'évanouir à ces paroles.

» Le pays me plait, je te l'ai déjà dit, ajouta Bras-de-Fer. Il me plait même si fort, que je compte m'y bâtir un château près du tien; nous vivrons en bons voisins, je l'espère, j'y mettrai du mien tant que je le pourrai.

Allons, mon cher! que tes fils partent sur l'heure, afin
que je ne sois pas exposé à la famine, car si la faim vient
à me presser, je deviendrai aussi féroce que tu me vois
et que tu m'as vu jusqu'ici doux et bénin. Quelle charmante surprise les fils éprouveront à leur retour en
voyant un beau château s'élever magiquement en ce
pays et dominer le tien de la façon que ce grand chêne
domine les arbrisseaux qui poussent à ses pieds.

» En achevant ces paroles, le ciel s'obscurcit, la nuit se
fit, la lune apparut rouge comme un morceau de fer
qu'on tire de la fournaise, et il sortit de cet astre des
milliers et des milliers d'esprits noirs, le front armé de
cornes, qui tombèrent sur le village, et se mirent à
bâtir le château du géant, ils prenaient les matériaux
partout où bon leur semblait, creusaient des carrières
en soufflant sur le sol, et maniaient des pierres de taille
grandes comme notre grange, sans plus de peine que
si elles n'eussent pas été plus lourdes que mes sabots.

» Aussi, la nuit ne touchait pas à sa fin, que déjà le
château avec ses remparts, ses tours, ses tourelles, ses
poternes et ses fossés se trouvait terminé à l'exception
toutefois d'une forte muraille à laquelle il ne manquait
plus que le couronnement. Déjà une bande de démons
apportait à tire-d'aile dans les airs, l'immense bloc de
grès destiné à construire ce couronnement, quand l'an-
gélus se prit à tinter au clocher de l'église voisine. A
ce bruit sacré, les diables poussèrent un grand cri et
disparurent en laissant tomber l'immense roc qu'ils tenaient. Ce roc vint tomber à terre et s'y brisa en trois
grands morceaux que vous pouvez voir, à l'heure qu'il
est, de vos yeux, à quelques pas de la rivière. On distin-

gue encore à la surface de ces débris, les trous faits par les ongles des mauvais esprits. Ma grand'mère m'a souvent raconté que, par une nuit d'hiver, elle avait aperçu de loin des démons qui s'efforçaient de les déterrer, en poussant des hurlements à faire mourir de peur.

» Quoiqu'il en soit, Bras-de-Fer, prit possession de son château dès avant l'aube, et s'y installa de façon à ce que personne n'y put pénétrer.

» Or, les quatorze fils du comte Hugues, au lieu d'employer l'argent que leur avait donné leur père à faire emplette de bestiaux et de blé pour nourrir le géant, s'en servirent pour rassembler une armée et faire construire des tours de bois, des mâchicoulis, des balistes et des catapultes qui lançaient au loin des pierres énormes et des feux grégeois; ces feux brûlaient et dévoraient tout ce qu'ils atteignaient, hommes, arbres, rocs, maisons et châteaux.

» Un matin donc, ils arrivèrent, entourèrent le château, dressèrent leurs machines et donnèrent en criant le signal de l'assaut.

» Alors Bras-de-Fer parut, s'assit sur les remparts de son château, les jambes pendantes jusque dans les fossés et demanda en s'étirant quels étaient les malappris qui venaient à pareille heure troubler son sommeil; ajoutant qu'il aimait à dormir la grasse matinée et qu'il n'entendait point qu'on l'éveillât avant midi.

» Pour toute réponse, les balistes et les mâchicoulis commencèrent à lancer des pierres et des masses de poix bouillante, des feux grégeois et des roches, tandis que des bandes d'hommes d'armes dressaient des échelles, pour commencer l'assaut.

» Bras-de-Fer, sans s'émouvoir, se prit à souffler sur les feux grégeois, les roches et la poix bouillante, et la force de son haleine suffit pour faire retourner contre les assaillants tous ces élémens destructeurs. C'était pitié que de voir les pauvres gens se débattre au milieu des flammes et disparaître sous les masses de rocs qui les écrasaient.

» En moins de temps que je ne mets à vous le raconter il ne resta plus de l'armée que les quatorze fils du comte. Quant à ce dernier, il s'était réfugié dans son oratoire avec sa fille, la charmante Lydorie et il y attendait plus mort que vif l'issue du combat.

» Bras-de-Fer qui n'avaitpas cessé un seul moment de rester assis sur les remparts de son château, les bras croisés, et les jambes pendantes, se leva enfin, acheva d'écraser sous ses pieds les blessés et les mourants et mit les quatorze fils du comte dans les poches de son pourpoint comme vous pourriez le faire de quatorze pommes ; puis il rentra dans son château, plaça ses prisonniers sur une table et leur dit :

» —Vous êtes quatorze, je vais envoyer sept de vous me chercher des provisions. Si dans sept jours l'un de vous n'est pas de retour avec les bestiaux dont j'ai besoin, je tuerai un de mes sept otages, et ainsi de suite chaque jour, jusqu'à ce qu'il n'en reste plus ! allez.

» Or, il n'était pas facile aux sept chevaliers, qui se trouvaient sans sou ni maille, d'acheter des bœufs et des moutons pour rassasier cet insatiable glouton. Avant de partir, ils allèrent apprendre à leur père leur mission et le péril que couraient leurs frères ; le comte, ahuri par la terreur, ne leur répondit point une parole et se contenta de pleurer ; leur sœur Lydorie, quoiqu'elle ne comptât guère plus de seize ans, leur dit :

» — C'est une honte que quatorze seigneurs chrétiens ne puissent avoir raison d'un malandrin, ne tenant sa force que du diable. Que l'un de vous me prenne en croupe et me conduise sur l'heure à l'ermitage du bienheureux saint Druon, dont les miracles ont converti jadis à la vraie foi tout le pays. Je le prierai, et il m'inspirera les moyens de triompher de Bras-de-Fer, ainsi que jadis David triompha de Goliath.

» Or, comme ses frères hésitaient, elle harnacha de ses propres mains sa haquenée, sauta en selle, se rendit à l'ermitage de saint Druon, qui, vous le savez, s'élève encore à quatre kilomètres d'ici, y pria avec ferveur, et à son retour, au lieu de se diriger vers le château de son père, elle se dirigea vers le château de Bras-de-Fer.

» La poterne s'en trouvait fermée. Lydorie sonna du cor, ni plus ni moins qu'un véritable chevalier,

» — Ohé ! qui mène ce bruit devant mon château, s'écria Bras-de-Fer en montrant sa tête énorme au-dessus d'une tour.

» — C'est une damoiselle qui a entendu parler de toi et de ta renommée, et qui désire savoir si tu es aussi courtois que fort.

» — Je n'ai que faire de damoiselle, de renommée et de courtoisie, répliqua brutalement le géant. Passe ton chemin ou bien il pourrait t'en coûter cher.

» — N'importe ce qu'il peut m'en coûter, je veux te voir ! Regarde, ajouta-t-elle en levant son voile, suis-je donc de celles qu'il faut traiter avec dédain ?

» Lydorie était d'une si merveilleuse beauté que le

géant ne put la regarder impunément. Il se déchaperonna avec courtoisie, ce qui jamais assurément ne lui était advenu de sa vie, et ouvrit la poterne à Lydorie en lui souhaitant la bienvenue d'une voix qu'il tâchait de modérer et qui n'en ressemblait pas moins à un tonnerre de printemps.

» — Seigneur géant, lui dit Lydorie, j'en fais sans hésitation l'aveu, jamais rien de si beau et de si noble que toi n'a ébloui mes regards ! Tu as ruiné le domaine de mon père, tué tous ses vassaux, mis en prison sept de mes frères et envoyé les autres au loin, mais en dépit du mal que tu as fait à moi et aux miens, je ne puis me défendre d'un sentiment plein de trouble à ton aspect. Si tu étais un homme de ma race au lieu d'être un géant je serais fière de porter ton nom et de devenir ta femme.

» Pendant qu'elle parlait ainsi le géant devenait rêveur.

» — Écoute, dit-il, si tu dis vrai, je puis, non devenir semblable à toi, mais réduire ma stature. Ma grande taille, après tout, a ses inconvénients ; je me suis enfoncé hier un clocher dans le pied, et si je devenais seulement de la hauteur de ce clocher, non-seulement je n'aurais plus de pareils désagréments à subir, mais encore il me faudrait chaque jour moins de bestiaux à manger. Or mon grand appétit est difficile à approvisionner. Entre dans cet appartement et demain matin peut-être me verras-tu moins gigantesque.

» — J'en serai charmée, répartit Lydorie, car rien n'est fatigant comme l'attitude que je suis réduite à prendre pour te voir, ô mon beau géant !

» Le lendemain au point du jour, Bras-de-Fer appela Lydorie d'une voix triomphante. Sa taille était diminuée de moitié, ce qui ne l'empêchait pas d'atteindre encore de sa tête les plus hauts peupliers.

» — Hélas ! dit-elle mon ami, je vous avais rêvé un tantinet encore plus petit.

» — Ah çà ! penses-tu que pour te complaire je veuille devenir un nain comme toi ?

» — Non pas, dit-elle, j'ai eu tort et je vous trouve charmant ainsi ; un centimètre de moins vous messiérait. Et comment vous y êtes-vous pris pour vous rendre moins grand ?

» — J'ai eu recours au talisman qui me donne pouvoir sur les esprits de l'enfer et qui me permet d'opérer toute sorte de prodiges.

» — Oh ! que je serais curieuse de voir ce talisman, fit Lydorie avec coquetterie.

» — Ma vie y est attachée, et je me garderai bien de te le montrer.

» — Vous êtes libre, seigneur, de faire ce qu'il vous convient, dit-elle d'un air piqué ; adieu à jamais.

» Et, malgré les prières du géant, elle descendit aux écuries et se mit à seller sa haquenée.

» — Ecoute, dit Bras-de-Fer, je ne sais pourquoi, mais il me semble que tu vas emporter avec toi mon cœur en t'en allant ; reste et sois satisfaite ; tiens, regarde, voici mon talisman.

» Et découvrant son pourpoint il montra à Lydorie une sorte de pierre brillante comme une escarboucle qu'il portait sur sa poitrine.

» — Oh ! que cela est beau ! Montrez-moi de plus près cette merveille, mon bon, mon gentil Bras-de-Fer. Faites-le et je vous donnerai un baiser sur chaque joue.

»Le géant assit délicatement sur sa main Lydorie et l'approcha contre sa poitrine. Tout à coup il jeta un grand cri et tomba mort avec le fracas d'une montagne qui s'écroule; Lydorie avait frappé fortement de son reliquaire le talisman qui s'était brisé aussitôt.

» Lydorie, quoique fortement cramponnée aux vêtements de Bras-de-Fer, tomba avec lui et resta quelque temps étourdie de sa chute. Mais revenue bientôt à elle, elle courut délivrer ses frères, et se mit ensuite à frapper de son reliquaire les murs du château, comme elle l'avait fait pour le talisman.

» A chaque coup des pans de muraille disparaissaient et s'évanouissaient dans les airs, si bien qu'à la nuit close il ne restait plus d'autres traces du manoir magique qu'une couche pierreuse à jamais stérile.

» Pendant ce temps-là, les sept frères de la hardie damoiselle s'évertuaient à trancher la tête de Bras-de-Fer et essayaient de creuser une fosse pour l'enterrer, car ils craignaient que la décomposition d'un si grand cadavre n'amenât la peste dans le pays. Mais ils n'eurent point à s'acquitter de ce rude labeur, car un petit homme noir apparut tout à coup sur le corps, le frappa du pied et disparut aussitôt dans un abîme d'où il sortit pendant quelques instants de grandes flammes. »

La vieille conteuse s'arrêta et se mit à faire de nouveau tourner son rouet.

— Eh bien ! mes amis, s'écria et conclut la Belette, en voici de belles, n'est-ce pas, sur le bien acheté par maître Pierre Maréchal? Dieu veuille que celui-ci n'en soit que pour son argent et qu'il ne lui arrive pas pire.

CHAPITRE CINQUIÈME

CE QU'IL ADVINT DU TERRAIN DE LA MÈRE JAVOTTE

Depuis longtemps on ne pensait guère plus, parmi les habitants du village, à l'histoire de Bras-de-Fer. Toutefois le récit qu'en fit à la veillée la vieille mère de la Belette et le soin perfide que prit ce dernier de la colporter et de la redire à qui voulait, voire même à qui ne voulait pas l'entendre, la raviva dans toutes les mémoires et la remit dans toutes les bouches.

Elle réveilla de ridicules superstitions, effraya les masses toujours prêtes à se laisser prendre aux prestiges du merveilleux, et fit si bien que le jour où maître Pierre Maréchal demanda des ouvriers pour creuser un puits dans son nouveau champ, il essuya partout des refus.

Nous ne voulons point, disait-on, exposer notre vie dans un lieu de malédiction et sans doute hanté par les esprits, comme ne le démontre que trop sa stérilité. Il n'est point agréable d'avoir affaire au diable, et s'il ne fréquente plus votre bien, il ne l'a que trop fréquenté.

Maître Pierre haussa les épaules, traita d'imbéciles les récalcitrants et recourut à des ouvriers qu'il fit venir d'une commune étrangère; encore ne les déter-

mina-t-il à entreprendre le puits qu'au prix d'un sa-
laire relativement considérable.

Cependant le travail finit par avancer; on creusa la
terre ; on disposa un cuvelage en bois dans l'intérieur
de la fosse circulaire à mesure que cette fosse s'enfon-
çait dans la terre.

On arriva de la sorte à un mètre, puis à deux, puis
à trois, puis à quatre, sans que l'on aperçût la moindre
trace d'eau ou de promesse d'eau.

Après avoir traversé une couche d'argile mélangée
de cailloux serrés, compactes et opposant à la pioche
une forte résistance, ils rencontrèrent une couche de
coquilles plus ou moins pétrifiées et qui formaient un
véritable banc d'une grande épaisseur.

_ Les puisatiers, découragés, voulaient en rester là et
abandonner leur travail commencé, mais Pierre Maréchal insista pour qu'ils continuassent, et leur fit de si
belles promesses qu'ils se remirent à la besogne.

Tout-à-coup un des puisatiers jeta un cri d'épouvante
et remonta pâle, tremblant et dans un état d'émotion et
de peur qui l'empêcha d'abord de parler. Puis, quand il
se sentit remis de son trouble :

— Vous me donneriez de l'or plein votre puits que
je n'y remettrais plus les pieds, s'écria-t-il : je viens d'y
trouver les os d'un géant.

— Ce sont les os de Bras-de-Fer, répliqua la Belette
qui se trouvait là, suivant son habitude, à flâner et à
fureter. Oui, ce sont les os de Bras-de-Fer ! Et qu'on
vienne me dire encore que les histoires de ma grand'-
mère sont des contes à dormir debout et qu'elles ne
contiennent pas un mot de vérité.

Maître Maréchal, exaspéré, descendit précipitamment dans le puits et se trouva effectivement en face d'ossements gigantesques qui lui parurent, à n'en point douter, les débris du squelette d'un géant. La tête manquait, mais il y avait des tibias qui, évidemment, avaient appartenus à des jambes mesurant deux mètres, et le reste à l'avenant.

Il s'éloigna silencieusement et la tête basse. Les puisatiers l'imitèrent et il ne resta plus là que la Belette.

— Sur ma foi, dit-il, je crois qu'ils ont peur et que maître Maréchal ne se sent pas plus rassuré.

Et il s'assit sur le bord du puits.

— Les vieilles histoires de ma mère-grand sont donc véritables? Il a donc vécu des géants? Ma foi, je n'en croyais pas le plus petit mot, et je pensais que ces monstres-là n'avaient jamais existé que dans l'imagination des bonnes femmes. N'importe! os de géant ou non, ceux-ci représentent pour moi de bonnes pièces de monnaie bien trébuchantes. Ces os font peur à tout le monde, mais tout le monde voudra les voir. J'en veux faire une petite affaire et les emporter chez moi, ou chacun viendra les visiter. Maître Maréchal pourra peut-être y trouver à redire, mais il n'osera point faire de bruit, et s'il en fait, eh bien! nous verrons!

Là-dessus, il descendit dans le puits, détacha les ossements étranges qui se dégagèrent assez facilement du banc coquillier (falun), les chargea un à un sur ses épaules et les emporta dans la chaumière de sa grand' mère.

Arrivé tout haletant, car le fardeau n'était pas d'un poids léger, je vous l'assure, il déposa les ossements à terre et reprit longuement haleine.

La Belette.

Après quoi il rangea soigneusement son butin **sur** une table, et, après avoir fermé la porte à double tour, il sortit et retourna à sa besogne.

CHAPITRE SIXIÈME

LES OS DU GÉANT

Pendant ce temps-là, la nouvelle de la trouvaille étrange s'était répandue dans le village, et chacun accourut pour s'assurer de la réalité du fait et voir les ossements du géant.

A la stupéfaction générale, il n'en restait plus d'autre trace que l'empreinte laissée par ces os dans le banc de coquilles, où ils avaient gît pendant tant de siècles.

Et comme chacun s'étonnait et se demandait :

— Où donc sont-ils? où donc sont-ils?

— Ils sont chez moi, dit la Belette. Or, personne ne les y verra sans ma permission, et je ne donnerai cette permission qu'en échange de deux sous par tête au profit de ma grand'mère. Je suis un trop fidèle serviteur pour laisser dans le bien de mon maître de pareils objets qui lui ont trop longtemps causé malheur; mais aussi je suis trop bon petit-fils pour exposer gratuitement ma grand'mère en logeant chez elle les restes d'un géant. Heureusement qu'elle sait comment s'y prendre pour apaiser les mauvais esprits et n'avoir rien à redouter d'eux.

Pendant qu'il parlait ainsi, la foule le suivait et arrivait avec lui devant la porte de la vieille femme. Alors il fit sa recette, compta les pièces de deux sous qu'il avait reçues et laissa entrer un nombre égal de curieux. Ce fut un va et vient de ces derniers qui dura jusqu'au-delà de la nuit tombée et qui recommença le lendemain pour se poursuivre sans relâche du matin au soir.

Il en fut de même pendant près d'un mois; car la nouvelle de la trouvaille des os d'un géant s'était répandue dans toutes les communes environnantes et même jusqu'aux villes voisines.

Cependant les visiteurs commençaient à devenir plus rare., et la Belette, qui avait gagné à cette exhibition trois à quatre mille francs en gros sous, soigneusement réalisés en écus à mesure qu'il les percevait, se tenait assis, un matin, devant la porte de sa grand'mère, fumant lentement sa pipe et se demandant ce qu'il ferait d'une si grosse somme d'argent, lorsqu'il vit passer deux voyageurs, tenant à la main un grand marteau de forme singulière.

Ces voyageurs examinaient avec attention le sol du chemin qu'ils parcouraient, interrogeant de temps à autre, à l'aide de leur marteau, plat d'un côté tranchant de l'autre, les roches qu'ils rencontraient; parfois même ils mettaient des échantillons dans un sac qu'ils portaient sur leurs épaules à la façon d'un soldat.

C'étaient un militaire en képi et en petite tenue et un homme d'une cinquantaine d'années, d'une physionomie intelligente, douce et pensive. Un ruban de la Légion d'honneur, un peu fané par le temps et par les intempéries de l'air, se détachait en pourpre foncée sur le paletot poudreux de ce dernier.

— Ces messieurs voyagent par un temps bien chaud?
s'enhardit à dire la Belette aux voyageurs quand il les
vit passer devant le seuil de la chaumière.

M. de Frémicourt.

— J'ai l'habitude de la fatigue et de la chaleur, répondit en souriant le militaire.

— Si ces messieurs voulaient se reposer un moment chez moi, ils me feraient honneur.

— Merci, nous sommes attendus, à quelques kilomètres d'ici, par ma famille.

— Ah! monsieur est le bourgeois qui a loué, pour la saison, la maison des Vandières, au village voisin?

— Non, mais cette maison est habitée par un de nos amis.

— Je suis fâché que ces messieurs soient si pressés, sans cela ils auraient pu voir les os du géant Bras-de-Fer.

Le compagnon du militaire s'arrêta.

— Les os d'un géant?

— Oui, les os de Bras-de-Fer, le terrible géant. On les a trouvés en creusant un puits dans le bien de mon bourgeois d'alors, maître Pierre Maréchal. Aussi n'at-il point voulu me contester la propriété de ces os, à moi qui les avais été chercher au fin fond de la terre au péril de mes jours. Mais ç'a été comme une vraie punition. Au moment où il me parlait des huissiers, des juges et des tribunaux, il est tombé gravement malade de fièvres et le médecin lui a dit que c'était parce qu'il avait remué les terres du champ de la Javotte, dont il était devenu propriétaire à beaux écus comptants. Depuis lors, il me laisse tranquille.

— Et ces os, où sont-ils?

— Chez moi, monsieur.

— Montrez-les donc bien vite.

— Eh bien! dam, çà ne se fait pas comme çà *tout de gaud;* il faut payer un droit d'entrée au bénéfice de ma grand'mère.

— Tiens, et conduis-nous, dit le voyageur en jetant une pièce de cinq francs dans le bonnet de coton que la Belette tenait à la main.

— Tout de suite, monsieur, mon bourgeois ; tout de suite, monsieur, mon officier, s'écria le paysan. Donnez-vous la peine d'entrer, c'est ici.

En parlant ainsi, la Belette ouvrit la porte de la maison de sa grand'mère et introduisit l'officier et son compagnon devant la table sur laquelle se trouvaient étalés les ossements du géant.

Les voyageurs, à la vue de ces ossements, ne purent réprimer un sourire qu'ils échangèrent. Ils examinèrent ensuite, avec une minutieuse attention, les soi-disant os de Bras-de-Fer, et, cet examen terminé, l'officier demanda au paysan :

— Où ces ossements ont-ils été trouvés ?

C'était une trop belle occasion pour la Belette de raconter l'histoire de Bras-de-Fer pour qu'il la négligeât ; aussi ne se fit-il point faute de la dire dans les détails les plus circonstanciés.

Ses auditeurs l'écoutèrent patiemment jusqu'au bout, et quand le bavard s'arrêta faute d'idées et de respiration :

— Le champ dont vous me parlez est-il loin d'ici ? demanda l'un des voyageurs.

— A dix minutes de marche, mon bon monsieur.

— Veuillez nous y conduire, je vous prie.

— Volontiers, mes bons messieurs ; je dis volontiers et je le pense aussi.... Mais çà va me faire perdre une partie de ma journée.

— Je vous indemniserai de cette perte.

A ces mots, la Belette conduisit les deux amis dans l'ancien champ de Javotte et jusqu'à l'entrée du puits.

Ceux à qui le paysan servait de cicérone examinèrent avec une profonde attention la nature du sol. Tandis que l'un brisait certaines parties de roche avec le marteau qu'il portait attaché à sa ceinture, l'autre, c'était l'officier, profitant d'une échelle qui gisait à côté du puits, descendit au fond de ce puits et y demeura près d'une heure.

La Belette, qui prudemment était resté sur le bord, l'entendit cogner çà et là de son marteau. Quand l'officier remonta, sa physionomie était radieuse.

— Il y a là vraiment des trésors, ne put-il s'empêcher de dire à son ami en quittant l'échelle qui le ramenait à la surface du sol.

— Des trésors ! s'écria la Belette, des trésors ! Mon bon monsieur, part à trois ! Ah ! ne dites cela à personne, car si d'autres pouvaient soupçonner qu'il y a là des trésors, ils nous les enlèveraient.

— Ces trésors, puisque trésors il y a, reprit l'officier d'un ton sévère, n'appartiennent ni à vous, ni à moi, ni à d'autres ; nous ne saurions les extraire de la terre qui les renferme sans l'autorisation du propriétaire du puits.

— Et pour combien croyez-vous qu'il y ait là de trésors ?

— C'est selon !... Nous allons trouver maître Pierre Maréchal, pour lui demander l'autorisation de faire des fouilles dans son champ.

— Et vous croyez qu'il va vous l'accorder ?

— Je n'en doute pas le moins du monde.

— M'est avis qu'il vaudrait mieux lui acheter son bien avant qu'il sache ce qu'il contient ; il le donnerait pour un petit prix, car il n'en est pas mal dégoûté.

— Mais vous me conseillez là une véritable friponnerie, monsieur la Belette, répondit sèchement l'officier.

— Vous pensez? répondit le paysan en se grattant l'oreille; je croyais que c'était une bonne affaire, rien de plus.

— Une bonne affaire déloyale est une friponnerie, répliqua sévèrement le militaire. Conduisez-moi près de maître Maréchal, ou plutôt nous allons nous y rendre seuls.

— Vous ne savez point à qui vous allez avoir affaire !

— Si fait! si fait!

En achevant ces mots, les deux voyageurs, suivis de loin par la Belette, se dirigèrent vers la ferme. Ils y trouvèrent maître Pierre, qui, depuis quelques jours, convalescent, se tenait assis dans un grand fauteuil et se chauffait au soleil.

—Monsieur, lui dit l'officier, pour des raisons que je me réserve de vous faire connaître plus tard, je viens vous proposer de creuser à mes frais un puits dans le terrain que vous avez acheté de la veuve Javotte, et de plus de vous payer cent francs.

Pierre ouvrit de grands yeux.

— Vous avez mal choisi la place de ce puits. En l'ouvrant à quelques mètres plus loin, on trouverait de l'eau facilement et en abondance.

De plus, ce champ a besoin d'être défoncé et

fouillé profondément; je vous offre encore de le faire à mes frais et à ceux de monsieur.

— Et que voulez-vous en échange? demanda maître Pierre, dont le cœur s'ouvrait à la défiance.

— Une seule chose : la propriété exclusive de tous les objets, quels qu'ils soient, que nous recueillerons pendant la durée des travaux.

— Plus le trésor caché dans le puits, fut vingt fois prêt à s'écrier la Belette, qui s'était approché et qui écoutait les étrangers. Il parvint toutefois à se contenir et à laisser aller les choses jusqu'au bout, pour en tirer ensuite le meilleur profit possible.

— Et que comptez-vous donc trouver dans mon champ? reprit maître Maréchal.

— Des pierres et des ossements; ces pierres et ces ossements nous appartiendront, et nul n'y touchera et ne les emportera que nous.

— Vous voulez donc en faire des talismans?

— Non, certes; nous désirons tout bonnement les acquérir dans un but scientifique.

— Oui, c'est la même chose sous un autre nom.

— Quant aux objets d'or, d'argent, de fer, de cuivre et d'autres métaux, s'il s'en trouve, ce que je ne crois guère, ils nous appartiendront aussi.

— Nous y voici! pensa la Belette. Qu'il est fin, ce militaire, qu'il est fin !

— Mais il y a donc des trésors dans mon champ?

— Toutefois, reprit l'autre voyageur, le prix de ces objets sera évalué par deux orfèvres, choisis l'un par vous, l'autre par moi, et je vous en rembourserai la valeur intrinsèque.

— Il faut que je réfléchisse à cela quelques jours.

— Je ne vous donne même point un quart d'heure ; c'est à prendre ou à laisser : un puits pour rien, un champ stérile rendu fécond au même prix, cent francs et la valeur des objets de métal qu'on trouvera.

— Et les pierres précieuses, les diamants, les rubis, ils seront pour vous ?

— Ce sont peut-être des escarboucles que vous cherchez ? hasarda la Belette.

— Vous m'y faites penser ; les coquillages nous appartiendront comme le reste.

— Il faut que je réfléchisse, je vous le répète, avant de rien conclure.

— Alors, adieu ! Une fois que j'aurai passé le seuil de votre ferme, il sera trop tard ; nous aurons changé d'idée.

— Voyons, que ferais-tu à ma place ? demanda Maréchal à la Belette, vers lequel, malgré son aversion, le ramenait l'intérêt.

— Signez-moi un papier qui me donne en propriété les os du géant et les quelques sous qu'ils m'ont fait gagner, et je vous donnerai un bon conseil.

— Je t'en fais cadeau ! J'en prends ces messieurs à témoins.

— J'aime mieux un papier.

— Voyons, tout cela va-t-il finir ? s'écria l'officier, qui ne semblait pas endurant.

— Eh bien, je vais aller chercher le notaire, afin qu'il rédige les deux actes : celui qui me rend propriétaire des os de Bras-de-Fer et celui qui vous autorise à faire des fouilles dans le champ dit de Javotte.

— Va donc, et fais vite, dit l'officier en relevant sa moustache.

La Belette courut chez le notaire, qu'il ramena bientôt, avec quatre feuilles de papier timbré.

L'homme de loi connaissait sans doute les noms du voyageur et de l'officier, car, dès que ceux-ci les eurent prononcés, il salua avec un mélange de respect et de sympathie ceux qui les portaient.

Après bien des pourparlers, des discussions et des ergotages, l'acte fut enfin signé et dûment paraphé par maître Pierre.

— Monsieur le notaire, dit l'un des personnages mystérieux, voici la somme promise à maître Pierre. Dès demain, nous comptons commencer les fouilles ; pensez-vous que je puisse trouver dans le village des ouvriers intelligents.

— Si la Belette veut exécuter vos fouilles, je ne connais point d'ouvrier plus capable que lui de les entreprendre, malgré l'air benêt qu'il se donne, un peu par calcul, je crois.

— Eh bien ! la Belette, trouvez-vous demain matin au point du jour avec douze bons ouvriers près du champ à Javotte.

— De mon côté, dit l'officier, j'espère amener des hommes qui aideront à faire la besogne. A demain au point du jour.

— J'y serai avant lui, pensa la Belette, et j'y passerai la nuit s'il le faut. S'il y a des trésors, j'en tâterai le premier et sans rien dire.

— Veuillez observer, reprit d'un ton sévère l'officier, qui sans doute avait lu dans la pensée du paysan, veuillez observer que je connais presque dans ses moindres détails le champ et surtout l'intérieur du puits que nous comptons exploiter demain. Un seul coup de pioche donné avant notre arrivée ne saurait échapper à ma surveillance. Or je vous préviens de cela, moins dans mon intérêt que dans celui de l'imprudent qui, pour un motif quelconque, s'aviserait de me prévenir dans mes fouilles... Je ne réponds pas de son existence, je vous en avertis de nouveau, et je laisse à sa responsabilité les accidents dont il pourrait être la victime.

En achevant ces mots il sortit avec son ami et le notaire.

— Tubleu ! comme vous savez prendre ces gens-là, monsieur le colonel, dit chemin faisant ce dernier.

— J'en ai un peu l'habitude, répartit en souriant celui à qui l'on donnait ce titre ; mon ami le docteur de Frémicourt et moi, avec nos goûts et la direction de nos études, nous éveillons, chaque jour, la cupidité et le soupçon.

— Si nous n'eussions point brusqué cette affaire, maître Maréchal et son compère nous eussent tenu le bec dans l'eau pendant des années. Malgré l'acte que nous venons de signer et les menaces que j'ai adressées à la Belette je ne suis même point encore rassuré. Or, comme je ne veux point que leur sotte cupidité aille me gâter les trésors que j'ai découverts dans ce puits, il faut, s'il leur prend l'envie d'y descendre cette nuit, que je leur ôte l'envie d'y rester, et qu'ils en remontent aussitôt avec une terreur salutaire.

Après quoi il tendit la main à l'homme de loi, le quitta, se rendit au champ de la mère Javotte, ou plutôt de maître Maréchal, y passa quelque temps, emporta une échelle qu'il y trouva, alla la cacher dans le bois voisin, et reprit ensuite, en compagnie du docteur Frémicourt, le chemin dont l'avait détourné deux heures auparavant sa rencontre avec la Belette.

CHAPITRE SEPTIEME

QU'IL NE FAIT PAS BON DE DESCENDRE LA NUIT DANS UN PUITS

Dieu vous garde des mauvaises pensées, car les mauvaises pensées ont pour premier effet d'ôter au coupable ou au faible qui s'y laisse aller tout sentiment de dignité.

Maître Pierre Maréchal, qui cependant, comme tous les esprits étroits, était vaniteux et gonflé de son importance, hélas ! pourtant bien petite, maître Pierre, dis-je, à qui la Belette avait volé les ossements du géant, maître Pierre qui venait de subir une nouvelle algarade de cet homme qu'il regardait comme son inférieur, n'hésita pas néanmoins à le prendre pour complice.

Quand le voyageur et le notaire se furent éloignés, il leva les yeux sur la Belette en train de bourrer sa pipe et lui dit :

— Je crois que j'ai fait une mauvaise affaire.

— Possible ! répondit à mi-voix le garçon de ferme.

— Il m'ont promis de me rembourser à la valeur de leur poids, les trésors d'or, d'argent, de cuivre et d'autres métaux.

— Les diamants et pierres précieuses ne sont même pas exceptés.

— Il n'y a que les coquillages qu'ils veulent avoir, qu'en comptent-ils faire ?

— Je suis sûr qu'il s'agit de quelque escarboucle pour découvrir les trésors.

— Et les os ? pourquoi vont-ils dépenser trois ou quatre cents francs pour se les procurer ?

— Je soupçonne que les os possèdent des vertus magiques que nous ne connaissons pas.

— Peut-être as-tu raison.

—A votre place, j'en aurais le cœur net et je voudrais, une bonne fois, visiter avant lui le fond du puits.

— Comment puis-je le faire ? malade encore comme je le suis !

— Il y a cent pas à faire pour arriver au puits et avec un bon bras...

— Oui ! mais par malheur mes voisins me verront y descendre et demain ils le diront à ces messieurs.

— Aussi n'est-ce pas à cette heure-ci que je vous conseille de visiter le nid à trésors, mais vers minuit, quand chacun dormira. Je m'en vais retourner chez ma mère, et je viendrai vous prendre un peu avant cette heure.

— Non pas ! non pas, la Belette. La défiance est mère de sûreté ; je ne veux pas que tu descendes sans moi et avant moi dans le puits.

— Ne pouvez-vous avoir confiance en moi ?

— Ma foi non ! car c'est une mauvaise action que nous allons faire.

— Alors ne la faisons pas ! Au revoir, maître Maréchal.

— Reste ici, la Belette ! Que je cède ou que je ne cède pas à la tentation que tu m'as inspirée de visiter le puits, tu ne me quitteras pas avant demain matin. Si tu fais mine de t'éloigner je mets dans le champ de la mère Javotte deux de mes valets de ferme armés de fusils, et je lâche en outre mon chien de garde à qui tu as joué tant de mauvais tours, méchant drôle, qu'il ne demanderait pas mieux que de te dévorer.

La Belette s'étendit sur l'herbe avec un faux air de résignation, et ces deux méchantes gens restèrent là en face l'un de l'autre jusqu'aux approches de minuit.

Alors la Belette, qui n'avait encore quitté sa place que pour souper et qui était venu ensuite la reprendre, se dressa brusquement sur ses jambes, alluma une lanterne et dit à maître Pierre :

— Venez ou j'y vais seul.

Le convalescent s'appuya sur le bras de la Belette et tous les deux gagnèrent lentement le puits.

La Belette chercha l'échelle que le voyageur, vous le savez, avait fait emporter.

— Diable ! diable ! dit-il, ils ont des soupçons et leurs précautions sont prises. Mais il ont à faire à plus malin qu'eux. Attendez-moi là deux minutes ; il y a dans votre grange une autre échelle qui fera mon affaire.

— Prends garde, elle est toute vermoulue.

— Bah ! bah ! elle sera toujours assez bonne. Nous n'allons pas rester une heure sur ses échelons et le puits compte à peine trois mètres de profondeur.

Il courut à la ferme et revint avec l'échelle qu'il plaça dans le puits.

— Je vais descendre le premier, dit-il, de cette façon je pourrai vous soutenir tandis que vous serez sur l'échelle, car elle ne vaut rien comme vous le dites, et sans mon appui vous pourriez bien la rompre.

Ils arrivèrent en effet sans encombre au fond du puits.

— Nous voici bien serrés l'un contre l'autre, et nous ne pourrons guère ici jouer de la pioche, murmura la Belette à l'oreille de Maréchal.

Et il fit un mouvement en arrière. Aussitôt une explosion assez forte éclata sous ses pieds, et il laissa de peur tomber sa lanterne qui s'éteignit et se brisa.

Au même instant, Maréchal se sentit défaillir; il vit un grand œil de feu s'allumer sur une des larges pierres qui formaient les parois du puits, et il lui sembla même que cet œil jetait sur lui un regard sinistre et menaçant.

Une seconde explosion eut lieu et n'ajouta point médiocrement à la terreur des deux complices.

La Belette, sans tenir compte de maître Maréchal et des dangers que ce dernier pouvait courir, s'élança sur l'échelle pour prendre la fuite, mais elle se brisa sous son poids et il retomba sur Maréchal évanoui.

L'œil de feu tracé en flammes mobiles et pour ainsi dire ondoyantes parut devenir plus vivant encore.

— Maréchal est mort! se dit la Belette blême et grelottant de peur. Il ne tardera point à m'en arriver autant..... Ah !

Une troisième explosion retentit dans le puits, et les échos du voisinage en répétèrent plusieurs fois les sinistres roulements au milieu du profond silence de la nuit.

— Seigneur, Seigneur ayez pitié de moi ! s'écria-t-il.

Car les plus méchants ont recours dans les moments

d'angoisse à la miséricorde du père divin qu'ils ont outragé.

Trois heures, je devrais dire trois siècles, s'écoulèrent pendant lesquelles la Belette, à demi-fou d'épouvante, resta face à face de l'œil flamboyant près de maître Maréchal qu'il croyait mort, et n'osant faire lui-même un mouvement de peur de provoquer quelque nouveau et fatal prodige.

Après quoi le jour commença à pointer et même à pénétrer peu à peu dans le puits. A mesure que la lumière arrivait, l'œil de feu pâlissait et disparut même tout à fait.

Maître Maréchal, ranimé par la fraîcheur du matin, poussa un soupir, la Belette s'efforça de le relever. Aussitôt trois explosions successives éclatèrent et firent un bruit qui s'entendit au loin.

Épuisé par la fatigue et par la terreur, la Belette se sentit à son tour prêt à perdre connaissance. Chaque fois qu'il faisait un mouvement, chaque fois qu'il heurtait le sol, soit avec ses pieds, soit avec son corps, une explosion retentissait et produisait une secousse assez vive ; c'était comme une sorte de feu d'artifice se renouvelant sans cesse.

— D'où provient ce bruit ? demanda une voix douce et grave à la fois. Coupables ou malheureux, répondez-moi sans crainte ! j'appartiens au Dieu de miséricorde. Je suis le curé de ce village ; je reviens de porter à une de mes ouailles malade les consolations de mon divin maître.

Parlez ! au nom du ciel ! vous pouvez compter sur mon secours et sur mon silence.

—Ah! monsieur le curé, je suis la Belette. Vous pouvez me sauver le corps et l'âme! En passant cette nuit
près du puits, trompé par l'obscurité, j'y suis tombé

Le Curé.

par mégarde et je m'y trouve entre la vie et la mort
depuis trois heures.

Le curé ne fut point la dupe de ces paroles, et com-
prit parfaitement que la Belette n'était pas la victime

d'un simple accident mais bien de quelque mauvais projet avorté. Il ne s'en disposait pas moins à aller quérir une échelle pour tirer d'affaire ce méchant garçon, quand tout-à-coup un pas régulier et militaire se fit entendre.

C'étaient les voyageurs de la veille qui arrivaient avec douze soldats du génie en veste de travail, armés de pioches et portant des échelles. Le colonel et le docteur Frémicourt les accompagnaient.

— Halte! dit M. de Frémicourt en prenant, non sans sourire, le ton du commandement militaire.

— Il paraît, mon cher Frédéric, ajouta-t-il en se tournant vers le colonel, que les militaires se lèvent en ce pays plus matin que les villageois. La Belette devrait se trouver ici avec une douzaine d'ouvriers.... Mais que vois-je? monsieur le curé, vous ici à pareille heure?

— Je bénis le hasard qui vous amène dans ce champ, car un malheureux paysan est tombé cette nuit dans le puits que vous voyez.

Le colonel courut au bord du puits et partit d'un grand éclat de rire.

— Pardieu! mon piége était bon et l'imbécile de la Belette s'y est laissé prendre.

Et, saisissant une des échelles apportées par les soldats, il la plaça dans le puits, d'où la Belette sortit l'oreille basse et pâle comme un trépassé.

— La leçon est bonne, et j'espère qu'elle vous servira, monsieur la Belette.

La Belette voulut prendre ses jambes à son cou, mais M. de Frémicourt l'arrêta.

— Figurez-vous, dit-il en se tournant vers le curé,

que le colonel prévoyait la visite de ce drôle dans le puits. Aussi a-t-il semé au fond de ce trou une dizaine de pois fulminants et tracé avec un morceau de phosphore un grand œil sur une pierre. Ç'a été, vous le voyez, plus qu'il n'en fallait pour causer à la Belette une peur qu'il méritait bien.

Allons, va-t-en, drôle, et n'approche plus de ce champ tant que nous y ferons faire des fouilles, ou bien tu recevras une leçon autrement sévère que celle-ci.

La Belette détala au milieu des plaisanteries des soldats.

— A l'œuvre, maintenant, mes camarades. J'espère toutefois que monsieur le curé voudra bien bénir ce puits; on ne saurait mieux commencer un travail qu'en invoquant celui de qui dépendent le succès ou l'échec.

Comme il achevait de parler, un gémissement sortit du puits.

C'était maître Pierre qui appelait à l'aide. Deux soldats le sortirent du trou où il gisait. En proie à une juste confusion, il lui fallut passer devant M. de Frémicourt et devant le colonel, les soldats et le curé pour regagner sa ferme.

Les soldats sourirent et le regardèrent avec une dédaigneuse curiosité. M. de Frémicourt détourna la tête avec mépris.

Le curé alla à lui et, présentant son bras au vieillard chancelant :

— Appuyez-vous sur moi, lui dit-il. Vous êtes souffrant et malheureux par votre faute ; c'est-à-dire que vous êtes deux fois malheureux et que je vous dois deux fois mes soins.

CHAPITRE HUITIÈME

CE QU'IL Y AVAIT DANS LE PUITS

Tandis que maître Pierre s'éloignait avec le vieux prêtre, M. de Frémicourt et le colonel, son ami, donnaient aux soldats du génie le signal de la besogne.

Il faut avoir vu nos troupes françaises à l'œuvre pour connaître avec quelle gaieté, quelle intelligence et quel entrain elles y vont. Un mot, une simple indication suffisent pour leur faire comprendre la tâche qu'ils ont à exécuter et la manière dont ils doivent la réaliser, afin d'atteindre sûrement et promptement le but.

Aussi, en quelques instants, le puits étroit se métamorphosa en une large tranchée dans laquelle on descendait d'un côté par une pente aisée, et qui, de l'autre, allait en s'agrandissant et se prolongeant en longueur et en largeur, suivant les indications de leur colonel et de M. de Frémicourt qui suivaient attentivement la marche des travaux.

Tandis que cela se faisait, des paysans accouraient de toutes parts et se groupaient sur les hauteurs du ravin qui entourait le champ. Les moindres événements deviennent de grosses affaires dans les petites localités, et je n'ai pas besoin de vous dire que le bruit des fouilles entreprises par des soldats du génie s'était répandu dans tout le village avec une rapidité singulière. Ce bruit réveilla les conjectures de chacun sur les trésors que l'on supposait cachés sous le champ mystérieux de la mère Javotte.

Pour contenir la curiosité de la foule et son obstination à entourer les travailleurs, il fallut détacher de ces derniers trois ou quatre factionnaires chargés de réprimer l'indiscrétion des plus impatients.

Cependant le colonel et son ami interrogeaient soigneusement les débris que les pionniers tiraient du large fossé. Ils rejetaient les uns et ils classaient soigneusement les autres ; après quoi, ils les remettaient à un sous-officier qui collait dessus une étiquette numérotée et les plaçait ensuite dans une grande caisse à compartiments.

Tout à coup un des soldats s'écria :

— Tiens! voici que le sol que nous creusons change de caractère et de couleur. Il devient compacte, d'un gris bleuâtre, se casse en esquilles et semble parsemé de petites lames brillantes. Il contient çà et là de gros cailloux ferrugineux en forme d'œufs.

— Ces cailloux, ce sont des oolithes (1) ferrugineuses, répondit le docteur.

— Il y a là des coquillages qui rappellent assez ceux qu'on appelle des *peignes* et qui abondent sur les côtes de la Bretagne.

— Et dans le département du Rhône, *Picten lugdunensis*, dit M. de Frémicourt.

____

(1) Oolithe veut dire *œuf-pierre*.

— Voici en abondance des cornes d'ammon.

— *Ammonée de Buckland*, *plicatule épineuse pla-giostome géant*, répliqua M. de Frémicourt en nommant les objets au sous-officier chargé de les numéroter et de les classer.

— Frémicourt! Frémicourt! regardez regardez! interrompit le colonel en entraînant son ami dans une partie de la fouille qui venait d'être découverte... Un instant, mes amis!... Ne travaillez qu'avec la plus grande précaution... N'allez pas compromettre le trésor sans pareil que nous venons de découvrir.

A ce mot de trésor, malgré les efforts des sentinelles chargées de les contenir, les paysans firent irruption autour du fossé et il fallut que les soldats formassent un cercle pour les empêcher de se ruer dans cette fosse, où ne restaient plus que le colonel, M. de Frémicourt et deux ou trois soldats à l'œuvre.

Chaque villageois, la bouche béante et les yeux sortant de la tête, regardait de son mieux par-dessus les épaules des militaires placés devant eux.

— Voyons, mes amis, détachez délicatement cette grande plaque d'une ardoise fort friable; elle contient tout entier la tête du précieux squelette.

Les soldats, avec mille précautions, détachèrent du sol, sortirent de la fosse, et déposèrent sur l'aride gazon du champ, après avoir eu la précaution de leur donner leur veste pour coussin, les épaves précieuses dont leur chef et son ami parlaient avec tant d'enthousiasme.

C'était une sorte de plaque solide assez voisine de l'ardoise, quoique beaucoup plus friable.

Dans cette plaque se trouvaient les os d'une tête longue semblable à celle d'un oiseau, avec ses mâchoires armées de dents nombreuses et pointues à faire frissonner.

A en juger par la grandeur de l'orbite des yeux, ceux-ci devaient être de grande dimension ; les narines s'ouvraient près des yeux.

— C'est le chien du géant Bras-de-Fer ! s'écrièrent en chœur les paysans.

— C'est mieux que cela, repartit en riant le colonel, c'est son dragon ! Et pour que vous n'en doutiez pas, ajouta-t-il, je vais vous tracer sur cette planche le dessin complet du squelette de ce dragon ; squelette que, j'en ai le bon espoir, mes braves soldats vont découvrir en entier, pourvu qu'ils continuent leurs fouilles avec soin.

En achevant ces mots, il esquissa sur la planche un long col, semblable à celui d'un cygne ou plutôt au corps d'un serpent; après ce col, il mit des bras vigoureux qui se terminaient par une sorte de main plutôt que de patte, d'où sortait un doigt d'une longueur démesurée, comme on le remarque chez les chauves-souris. Les pieds de derrière étaient moins gros, mais également allongés ; ils se terminaient comme les pieds de lézard ; le corps était petit, en comparaison de la longueur du col, replet et ramassé, et finissait en une queue sans importance.

Après avoir terminé ce dessin, le colonel entoura le squelette d'un trait qui représentait l'animal, comme il devait être avec ses chairs. C'était un véritable dragon accoutré d'immenses ailes de chauves-souris.

Il achevait à peine, que les soldats apportaient deux autres plaques de la terre verdâtre qu'ils fouillaient et les plaçaient à côté du premier fragment.

Ils les emboîtèrent tous les trois dans les angles de leurs cassures, et, à la surprise générale, ils montrèrent le squelette entier du dragon dessiné par le colonel.

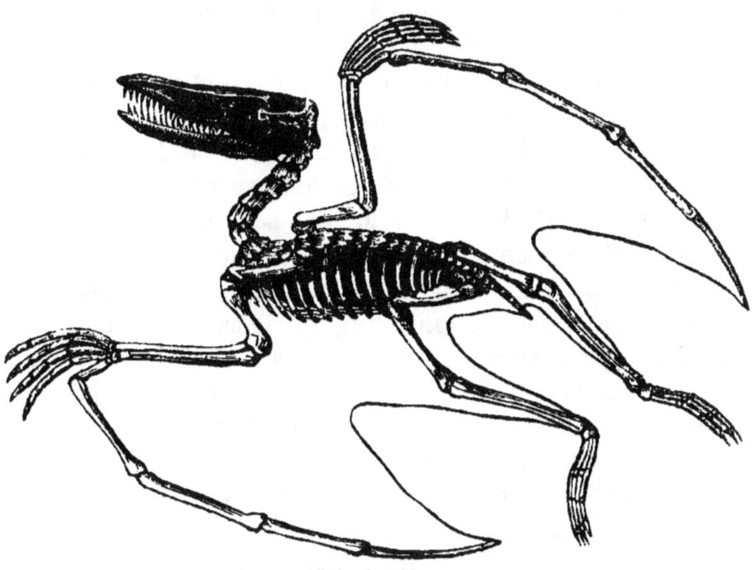

Ptérodactyle.

— Ah çà, demanda un soldat, qu'est-ce que tout cela veut dire? Les os du géant Bras-de-Fer, et ceux de son dragon... Me faut-il croire aux contes de bonnes femmes, dont les paysans me rebattent les oreilles depuis ce matin!

— Non pas, camarade! le dragon que la science nomme *ptérodactyle*, c'est-à-dire qui a des ailes-doigts, est un des animaux qui habitaient le globe terrestre avant

la création de l'homme. Quant au géant Bras-de-Fer
et à ses os, tantôt ou demain nous trouverons, je l'espère, sa tête, et vous verrez alors que si c'est un géant,
c'est un géant à quatre pattes, avec une trompe, des
défenses immenses, et une taille près de laquelle celle
des éléphants d'aujourd'hui paraîtrait toute petite.

Tenez, puisque je suis en train de faire des prédic-
tions, voici ce que sera l'animal complet, le *mammouth*,
comme disent les géologistes.

Et il dessina un éléphant que caractérisaient des défenses recourbées sur elles-mêmes.

Quand vint le soir, on trouva, en effet, la tête du *mammouth* dans une autre partie du champ et dans une
couche différente du terrain. Je n'ai pas besoin de dire
avec quelles acclamations on salua son apparition.

— Allons, mes camarades, la journée est bonne !
Restons-en là pour aujourd'hui, dit le capitaine. Pla-
çons sur des brancards nos trésors paléontologiques, et
rendons-nous avec eux à la ferme que vous voyez là-
bas. Un bon dîner nous y attend. Quant aux lits, ils con-
sisteront en paille fraîche ; mais nous avons eu de plus
mauvais lits que des bottes de paille en Italie et surtout
devant Sébastopol, n'est-ce pas ?

Les soldats, qui sont de grands enfants et qui trouvent
partout matière à rire et à s'amuser, organisèrent une
sorte de cortége, en tête duquel on plaça le ptérodactyle d'abord, puis le crâne et les défenses du mammouth ; on forma la haie, on porta les pioches et les
outils comme des fusils, et le clairon se mit à sonner une
de ses plus belles fanfares, tandis que tous marquaient
le pas et marchaient gaîment vers le souper.

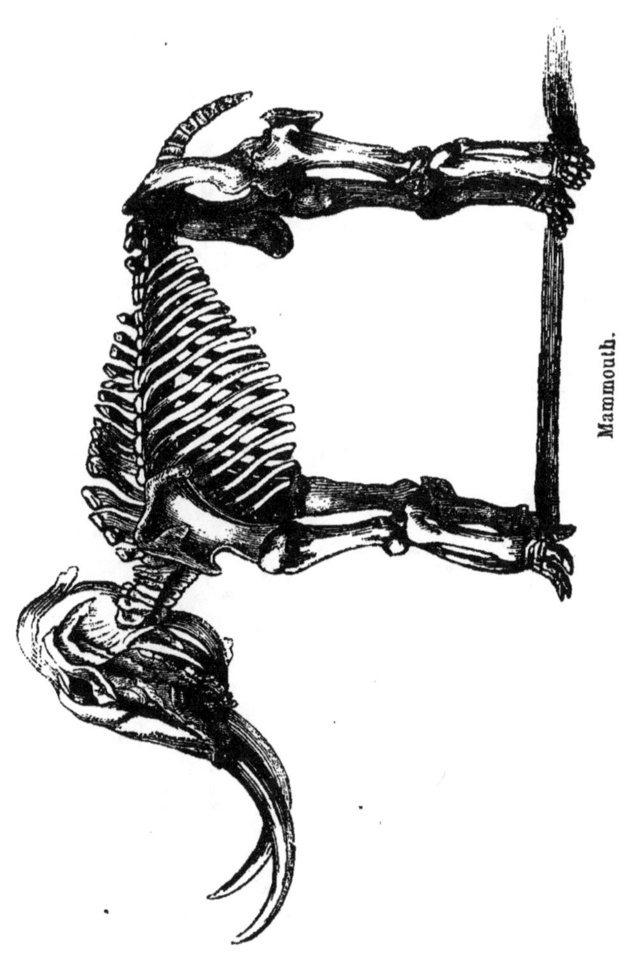

Mammouth.

CHAPITRE NEUVIÈME

HISTOIRE DU GLOBE AVANT LA CRÉATION DE L'HOMME

Si le petit détachement des soldats du génie avait fait honneur à la besogne pendant la journée, je puis vous assurer qu'il fit le même honneur au souper.

Rien ne vault un bon coup de bras pour donner un bon coup de dent, dit quelque part Montaigne; or, comme les coups de bras avaient été rudes, les coups de dents le furent de même.

Cependant, si faim que l'on ait, quelque soif qu'on ressente, on finit par se rassasier et par se désaltérer.

Les pipes succédèrent donc peu à peu aux verres. Tout en fumant, on devisa, on entoura les conquêtes fossiles obtenues pendant la journée; et quand le colonel et M. de Frémicourt vinrent rejoindre le petit détachement, on dissertait et l'on discutait à qui mieux mieux sur le ptérodactyle, sur les coquillages transformés en pierre, et sur le soi-disant géant de la Belette.

— Mes amis, dit M. de Frémicourt, nous avons encore deux bonnes heures avant de nous coucher. Employons-les utilement. Vous avez rendu service à la paléontologie, il est juste de vous donner quelques notions familières sur cette science regardée jusqu'ici comme abstraite, à cause des noms d'un grec barbare que ceux qui la professent ont prodigués jusqu'ici aux objets dont elle traite.

Les soldats s'établirent de leur mieux autour de M. de Frémicourt. Je dois avouer toutefois, que peu d'entre eux trouvèrent à s'asseoir; la plupart s'étendirent sur la paille fraîche qui devait tantôt leur servir de couche pour passer la nuit.

—Le nom de paléontologie, dit M. de Frémicourt, se compose de trois mots grecs : (*palaïos*, ancien), (*ôn*, étant), (*logos*, discours). *Discours sur les êtres anciens.*

Elle traite des êtres dont la dépouille se trouve enfouie sous la terre et qui ont précédé l'homme et les animaux qui peuplent aujourd'hui le globe.

Avant de faire revivre sous vos yeux les êtres qui ont précédé l'homme sur la terre et auxquels succèdent les races actuelles; je vais vous tracer un tableau rapide des révolutions qui ont changé la face du globe et les conditions d'existence des êtres qui l'habitent.

Je vous ferai, en outre, une description succincte de la croûte terrestre et des divers terrains qui la composent.

Enfin, je vous démontrerai que la science est parfaitement d'accord avec la religion, et que le livre de la nature et le livre de la révélation, ces deux merveilleux ouvrages donnés par Dieu pour instruire les hommes, restent toujours en complète harmonie.

Les événements dont la terre a été le théâtre se sont passés des millions d'années avant la création de l'homme.

Nous ne pourrions en être instruits si cette même

terre ne portait dans son sein les caractères ineffaçables au moyen desquels les savants déchiffrent une si merveilleuse histoire.

Vous savez tous que la terre est un globe immense, isolé dans l'espace, qui tourne sur lui-même d'un mouvement régulier de vingt-quatre heures, et qui décrit en même temps autour du soleil, en une année, une vaste ellipse parcourue avec une vitesse d'environ quatre cent douze lieues par minute.

Le globe terrestre mesure dix mille lieues kilométriques de circonférence, et seize cents lieues de rayon moyen. Il ne forme pas une sphère régulière, mais bien un sphéroïde déprimé ou aplati vers chacun de ses pôles, de sorte que l'axe fictif autour duquel il paraît tourner journellement, est plus court de quinze mille trois cent cinq mètres environ que le diamètre opposé au diamètre de l'équateur.

La surface de la terre nous semble inégale et pleine d'aspérités ; mais si l'on considère que les plus hautes montagnes du globe atteignent à peine quatre kilomètres d'élévation , ce qui est insignifiant relativement à son diamètre, on verra que c'est à peine si l'on peut comparer ses rugosités à celles que l'on remarque à la surface d'une orange.

La terre n'est pas, comme on pourrait le croire, une surface solide d'une seule et même substance.

Lorsqu'on creuse dans un pays de plaine on rencontre une suite de couches placées les unes au-dessous des autres dans une situation à peu près parallèle.

Ces couches, composées de diverses sortes de terrains, se retrouvent toujours à peu près superposées dans le même ordre.

Les puits de mines les plus profonds atteignent à peine mille mètres. Si l'homme ne pouvait étendre ses observations au delà, ce serait bien peu de chose en comparaison de l'épaisseur de la terre. Mais les révolutions qui ont bouleversé le globe fournissent des moyens d'exploration beaucoup plus étendus.

En effet, les montagnes sont formées, non par une accumulation plus considérable des couches supérieures, mais par la dislocation de la croûte terrestre et par le redressement de toutes les couches que leur élévation comporte.

De sorte que la connaissance de la composition d'une montagne élevée de plusieurs milliers de mètres au-dessus du niveau de la mer, équivaut à celle qu'on acquerrait par l'examen des couches que mettraient à découvert des fouilles poussées à une profondeur égale.

En examinant avec attention les masses minérales qui forment ces couches, on reconnaît qu'elles n'ont pu se produire que successivement; car elles renferment, pour la plupart, des restes d'animaux ou de végétaux qui ont vécu à diverses époques, et dont les formes s'éloignent d'autant plus de celles des êtres organisés actuels qu'ils appartiennent à des périodes plus anciennes.

En outre, certaines formations résultent évidemment de l'action du feu, tandis que d'autres sont l'œuvre des eaux.

L'expérience démontre que les variations de température produites par les saisons, quelque considérables qu'elles soient, ne pénètrent qu'à une petite distance dans l'intérieur de la terre.

Ainsi, les observations thermométriques faites depuis plus de cinquante ans dans les caves de l'Observatoire de Paris, situées à vingt-huit mètres au-dessous du niveau du sol, montrent que la température reste constante.

On s'explique ainsi pourquoi les caves paraissent fraîches en été et chaudes en hiver.

Leur température demeure au-dessous de celle de l'air à l'extérieur dans le premier cas et au-dessus dans le second.

Si l'on descend au-dessous de cette ligne de température constante, dans une mine par exemple, une température s'élève de plus en plus, à mesure qu'on arrive plus bas.

Le résultat des observations faites jusqu'à ce jour, donne un accroissement de chaleur d'un degré par chaque trente mètres de profondeur.

En descendant à mille mètres, on constate environ quarante degrés de chaleur, en admettant huit à dix degrés de température constante au point de départ.

A trois kilomètres au-dessous de ce point, on aura plus de cent degrés, température de l'eau bouillante ; à vingt kilomètres, l'on aura, si la loi se continue régulièrement, six cent soixante-dix degrés, chaleur à laquelle un grand nombre de corps minéraux se mettent en pleine fusion ; à cent ou cent vingt kilomètres enfin, on aurait une chaleur de trois à quatre mille degrés, la plus forte que l'homme puisse produire et à laquelle rien ne résiste.

Les sources minérales, les eaux thermales de toutes espèces, dont quelques-unes conservent presque la chaleur de l'eau bouillante en arrivant à la surface du sol, apportent de nouvelles preuves de la température qui règne à une certaine profondeur.

Tout conduit donc à supposer que la terre a possédé antérieurement une température bien supérieure à celle qu'elle conserve aujourd'hui, et qu'elle se comporte comme un corps échauffé qui, placé dans un milieu plus froid, se refroidit graduellement de l'extérieur à l'intérieur.

En effet, la chaleur centrale, qui devient de plus en plus sensible au mineur à mesure qu'il descend dans l'intérieur de la terre, l'existence des sources thermales et la chaleur des eaux artésiennes qui surgissent de grandes profondeurs; les tremblements de terre, inexplicables si l'on suppose le globe solide jusqu'au centre; les nombreuses dislocations et les bouleversements qu'on remarque dans un grand nombre de contrées; les masses énormes de matières incandescentes enfin que vomit encore aujourd'hui le sein de la terre par le cratère des volcans, tout prouve la fluidité originairement incandescente de la terre.

— Et ce qui le prouve encore, interrrompit le colonel, c'est la forme sphérique de ce globe, dont l'aplatissement vers les pôles, d'après les calculs des plus célèbres géomètres, se trouve exactement dans la proportion voulue par le rapport de sa masse supposée fluide, avec la vitesse de son mouvement de rotation.

— Ainsi lancé dans l'espace par la volonté de Dieu, reprit le docteur, ce globe incandescent dût obéir aux lois du rayonnement, c'est-à-dire perdre par degrés une partie de son calorique. Grâce à ce refroidissement incessant, la surface du globe se coagula et revêtit une pellicule solide ; comme on l'observe dans tous les corps solides fondus et abandonnés au refroidissement.

Ainsi eut lieu la première formation des roches ignées.

Cette croûte, naturellement, s'épaissit de plus en plus, bien qu'avec une excessive lenteur, et de haut en bas, c'est-à-dire intérieurement.

Enfin, à mesure qu'elle s'épaississait, le rayonnement diminuait, et le globe se refroidissait de plus en plus lentement.

— La terre, fit observer M. de Frémicourt, était, comme aujourd'hui, entourée d'une atmosphère gazeuse, mais impropre à la vie, et imperméable aux rayons du soleil, par suite des vapeurs aqueuses qui l'obscurcissaient.

Donc elle roulait dans l'espace au milieu des ténèbres.

Après des siècles, la croûte terrestre devint assez épaisse pour tempérer comme un écran le rayonnement de la masse intérieure incandescente ; sa vapeur se condensa et les premières eaux tombèrent.

Ces eaux, mises en ébullition par la chaleur qui régnait encore à la surface de la terre, n'étaient pas propres à la vie animale ou végétale.

En même temps, d'autres matières gazéifiées se condensaient, se précipitaient à la surface du globe, et donnaient lieu extérieurement, et de bas en haut, à des dépôts plus ou moins puissants. Ainsi se formèrent les premières couches sédimentaires.

La croûte terrestre épaissie dans les deux sens, au

dedans par la cristallisation, au dehors par le refroidissement et par l'accumulation des détritus qu'entraînaient
les eaux à la surface, vit se tempérer de plus en plus
l'influence de sa chaleur intérieure.

Les eaux purent alors se réunir en masse considérables et former des mers qui couvraient la totalité de
la surface du globe.

A mesure que la croûte extérieure se solidifiait, la
masse fluide interne diminuait nécessairement de volume par son refroidissement.

La croûte formant enveloppe, éprouvant alors un re-
trait, se contractait, se fendait et se brisait.

Cette contraction de l'enveloppe solide, agissant sur
la masse fluide intérieure, opérait des pressions considérables, et les gaz et les matières en fusion s'échappaient au dehors par des fissures ou se faisaient jour à
travers les points les plus faibles de l'écorce terrestre.

De là ces épanchements de formations ignées que l'on
voit souvent interrompre et couvrir les couches sédimentaires inférieures, de là aussi ces *filons* de matière ignée et
métallique qui se rencontrent dans les terrrains anciens.

De ces dislocations, de ces épanchements résultait nécessairement l'inégalité, la rugosité de la surface de la
terre, mais celle-ci était encore trop fragile pour qu'il
s'y formât de hautes montagnes.

Enfin, lorsqu'après une longue série de siècles la température se réduisit à soixante-dix ou quatre-vingts
degrés, la vie put se manifester sur le globe et Dieu y
jeta les premiers germes d'abord des végétaux, ensuite
des animaux marins.

CHAPITRE DIXIÈME

APPARITION DE LA VIE SUR LA TERRE.
LA VÉGÉTATION.

La première apparition de la vie sur la terre s'annonce par des plantes d'une organisation très-simple, par des *polypiers,* des *mollusques*, des *crustacés*, et enfin des *poissons*, tous animaux vivant dans les eaux.

L'atmosphère se trouvait chargée à cette époque d'une énorme quantité de gaz acide carbonique, très-propre à là vie végétale.

Celle-ci, en effet, prit bientôt, comme nous le verrons plus tard, un grand développement.

Par suite de l'abaissement continu de la température, les eaux absorbèrent une partie de ce gaz acide carbonique dont l'atmosphère se trouvait saturée, et devinrent propres désormais à exercer une action chimique sur diverses substances minérales.

Les roches calcaires commencèrent alors à devenir abondantes et l'air se purifiant devint de plus en plus propre au développement de la vie animale.

Pendant ce temps, les eaux continuaient à déposer dans leur lit d'abondants sédiments.

Ces dépôts eussent présenté une très-grande continuité si l'action de la masse incandescente intérieure n'eût de temps en temps bouleversé leurs couches solidifiées et fait irruption au dehors, en soulevant et en déchirant plus ou moins la croûte terrestre.

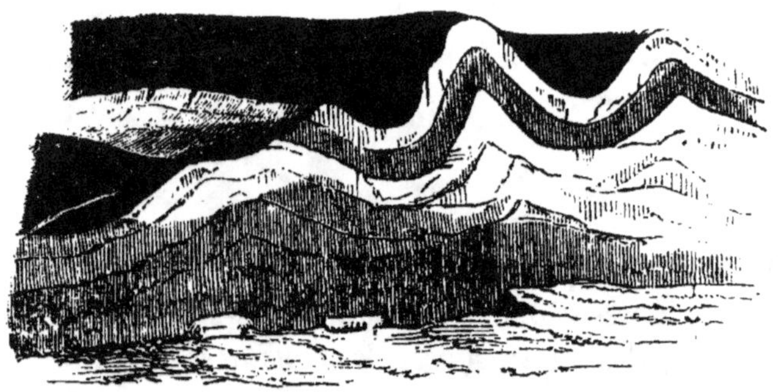

Couches plissées du Jura.

De là les grands désordres qui existent dans la disposition des couches anciennes, de planes et horizontales qu'elles étaient, devenues plus ou moins inclinées, plissées et brisées.

Ces soulèvements successifs élevaient les parties solides au-dessus des eaux, de sorte que la surface du globe devait offrir l'aspect que présente aujourd'hui l'Océanie, c'est-à-dire qu'elle était couverte d'innombrables îles sur lesquelles se développait une végétation extrêmement riche.

On retrouve, en effet, dans les formations de cette époque les traces de *fougères*, d'*équicétacées*, de *calamites*, plantes de proportions gigantesques. A leur exhubérante végétation est due la formation de la houille.

L'atmosphère, de plus en plus épurée par cette puissante végétation, devint propre à entretenir la vie d'animaux plus parfaits et plus complexes.

Aussi peu à peu apparurent des reptiles gigantesques aux formes bizarres, des tortues géantes, de nombreux poissons, dont on trouve les débris et les empreintes parmi les terrains de cette époque.

Sous l'influence des changements incessants qui s'opéraient dans la température, dans la pression et la composition de l'atmosphère, des familles entières d'animaux et de végétaux s'éteignaient au fur et à mesure que leur organisation ne se trouvait plus en rapport avec les nouvelles conditions.

En revanche, d'autres familles non moins singulières leur succédaient.

La réaction de la masse fluide et des gaz intérieurs se continuant contre la croûte terrestre, de plus en plus épaisse, amena des soulèvements violents; les continents se formèrent peu à peu, et avec eux des bassins d'eau douce.

On vit alors paraître quelques oiseaux et les grands mammifères aquatiques et terrestres.

A mesure que l'écorce terrestre augmentait de puissance et opposait par cela même plus de résistance à la force expansive des matières fluides et des gaz de l'intérieur, s'accroissait aussi la force qui les poussait vers la surface; aussi n'est-ce plus par un mouvement long et continu que se produisent les soulèvements, mais par des secousses violentes et rapides.

Les grands efforts, qui augmentent d'intensité à mesure que l'écorce terrestre augmente de puissance, font surgir d'un seul jet les plus hautes chaînes de montagnes.

Ces soulèvements, lorsqu'ils avaient lieu brusquement au sein des mers, occasionnaient nécessairement des perturbations terribles ; de telles masses d'eau considérables, brutalement déplacées, produisaient d'épouvantables inondations qui balayaient sur leur passage, les végétaux, les animaux et même des blocs énormes de rochers qui, choqués et broyés les uns contre les autres, donnaient lieu aux amas de cailloux roulés dont nous avons vu une si grande masse dans le champ de la mère Javotte.

Ces courants impétueux, lorsqu'ils passaient sur des terrains meubles et friables, creusaient d'énormes sillons, des ravins profonds et des vallées.

Cependant l'écorce terrestre gagnait toujours en solidité et en épaisseur, et la température s'abaissait de plus en plus, jusqu'à ce qu'enfin la chaleur intérieure ne fit plus sentir son influence.

Dès lors, la seule chaleur émise par les rayons du soleil suffit à l'organisation et à la vitalité des nouveaux habitants terrestres.

A ce moment, Dieu créa les races actuelles, puis enfin il fit l'homme.

Voilà ce que nous démontre la science de la *Géologie* (1) ou de l'*Histoire de la terre*.

(1) *Géologie*, formé de deux mots grecs, *geos* (la terre), et *logos* (discours).

Tout ce qu'elle enseigne confirme les récits de la *Bible* et de la *Genèse* sur la création.

En effet, comme le prouve le texte même du Livre-Saint, c'est au moment où la terre se trouva préparée au séjour de l'homme que commence le récit biblique.

CHAPITRE ONZIÈME

PREUVES DE L'ANTIQUITÉ DU GLOBE ET DES RÉVOLUTIONS QUI EN ONT BOULEVERSÉ LA SURFACE

Le docteur s'interrompit quelques instants, pendant lesquels les soldats du génie s'entretinrent, à mi-voix de ce que M. de Frémicourt venait de leur dire. Quand ils le virent un peu reposé, ils le prièrent de continuer.

— Le docteur se sent encore un peu de fatigue, dit le colonel. C'est moi qui m'honore d'être son élève, qui vais continuer son cours improvisé. Tout à l'heure, il reprendra lui-même la parole.

Les soldats se formèrent de nouveau en cercle autour de M. de Frémicourt et de leur chef.

— Notre globe, dit celui-ci, est vieux de plusieurs millions d'années; les investigations de la science ne laissent aucun doute à cet égard.

Mon ami vous a suffisamment prouvé, je crois, que la terre à son origine avait une température très-élevée.

Cette température atteignait probablement environ mille degrés, puisqu'elle a formé les basaltes et fondu le granit.

Or, en admettant que la masse terrestre, primitivement incandescente, ait subi les lois du refroidissement qu'éprouve tout corps placé dans un milieu plus froid que lui, le calcul donne des millions d'années pour que la surface de la terre descende à sa température actuelle.

Comparée à un globe d'un mètre de diamètre, la terre a dû mettre autant de fois *douze cent quatre-vingt mille ans* à arriver à la température d'aujourd'hui, qu'un globe de terre, d'un mètre de diamètre et d'une nature identique à elle, mettrait de *secondes* à se refroidir.

Calculez ce qu'exigerait de secondes un pareil globe, pour perdre de sa chaleur, au point de permettre à la main de le toucher sans se brûler.

Je vous ai dit que la croûte de la terre se composait de diverses sortes de terrains et de roches, toujours placéesdans un certain ordre, mais toutefois abstraction faite des épanchements dus à l'action de la masse fluide interne.

L'âge de chacune de ces couches s'indique suffisamment par l'ordre de superposition.

On a comparé très-judicieusement cette disposition à une pile de livres d'histoire entassés les uns sur les autres, et placés de telle sorte, que chaque volume se trouve toujours immédiatement au-dessus de celui qui renferme le récit des événements de l'époque précédente.

En procédant par ordre d'ancienneté, ou par les couches les plus profondes, si l'on avait sous les yeux une coupe de l'écorce terrestre, on la trouverait disposée de la manière suivante :

D'abord entourant le noyau encore incandescent de la terre, source des déjections volcaniques, viennent les roches *plutoniennes*, le *granite*, le *porphyre*, le *gneiss*.

Puis au-dessus la formation primaire ou *grauwacek*, qui commence la série des terrains neptuniens ou de formation aqueuse.

Le terrain carbonifère vient ensuite.

La partie supérieure en est le *terrain houiller* si utile par les dépôts de combustible qu'il renferme, et si remarquable par les débris d'une végétation tropicale qu'on y trouve enfouis dans toutes les contrées et même au-delà du cercle polaire.

Le terrain *pénéen* (pauvre), qui doit son nom à sa pauvreté en débris organiques, recouvre le terrain houiller ; il comprend le grès rouge et le calcaire appelé *Zechstein* par les allemands.

Puis viennent les terrains du *trias* comprenant les grès bigarrés, le calcaire *conchylien* (à coquilles) et des marnes irisées, remarquables par les grands dépôts de sel gemme qu'elles renferment.

Ensuite apparaît le terrain *jurassique* ou calcaire du Jura qui comprend le calcaire *lithographique*, le calcaire à *polypiers*, des *argiles* et des *marnes*.

Au-dessus s'étend le terrain *crétacé* ou des craies et du grès vert.

Puis le terrain du *calcaire grossier* du bassin de Paris, et du *gypse* (plâtre) de Montmartre.

Le terrain des *grès mollasses* vient ensuite; il est recouvert par les attérissements anciens et les alluvions anciennes, ou *diluviennes*, résultat de la grande catastrophe produite par les eaux.

A la surface de la croûte terrestre, s'étendent les *alluvions* de différentes natures, formées depuis le commencement de la période actuelle.

Au passage de chacun de ces systèmes de couches à celui qui le précède ou à celui qui le suit, on trouve généralement les traces d'un bouleversement plus ou moins profond, d'une révolution du globe.

Ce rapide aperçu des divers terrains qui se succèdent de bas en haut, et sur lesquels je ramènerai votre attention plus en détail, suffit pour démontrer :

Qu'ils sont tous dus à des formations successives,

Qu'ils n'ont pas été créés simultanément,

Et que des millions d'années ont dû s'écouler entre chacune de ces formations. Je vais vous en donner quelques preuves.

Le calcaire du Jura, par exemple, se forme, dans certaines parties, de bancs immenses de coraux et de madrépores qui s'étendent sur des centaines de lieues carrées et sont de véritables montagnes.

Ces coraux ou madrépores ont été formés par le travail incessant d'innombrables *polypes*, espèce de petits vers à peine visibles à l'œil.

Or, de nos jours, les bancs de polypiers s'accroissent en hauteur d'environ vingt centimètres par siècle. Calculez combien il a fallu de siècles entassés les uns sur les autres pour produire ces montagnes madréporiques !

Le terrain *crétacé* qui atteint, sur certains points, une épaisseur de plusieurs centaines de mètres, doit sa naissance aux dépôts successifs des eaux de la mer. Examiné sous le microscope, un fragment de cette craie blanche délayée dans de l'eau révèle que chaque grain de poussière est en réalité une agglomération de coquilles aux formes les plus variées. Or, ces coquilles sont si petites, que, dans dix grammes de craie, on en compte *trois millions huit cent quarante mille.*

Le *calcaire grossier* du bassin de Paris consiste uniquement en un amas de ces coquilles microscopiques, et la capitale de la France en est littéralement bâtie.

Calculez, si vous le pouvez, pendant combien de siècles les dépouilles de ces animaux ont dû s'accumuler au fond de la mer pour produire ces couches puissantes. Rappelez-vous encore que ce n'est là qu'une des nombreuses formations qui constituent la croûte terrestre.

Pour l'homme qui ne passe sur cette terre qu'un petit nombre d'années et qui subdivise le temps suivant ses besoins, en secondes, en minutes, en heures, en jours, en semaines, en mois, en années, quelques milliers de siècles représentent une période immense. Il en serait de même pour l'insecte éphémère dont le lever et le coucher du soleil limitent l'existence ; la durée de celui qui vit une année entière lui paraîtrait immense : il serait tenté de regarder comme infinie la vie de l'homme.

Mais pour Dieu, qui vit dans l'éternité, le temps n'existe pas ; car que sont des millions de siècles comparés à l'éternité ?

Dieu a établi des lois éternelles et permanentes auxquelles lui-même ne doit vouloir rien changer, puisque ce qu'il a toujours fait est le comble de la perfection.

Là où les causes naturelles suffisent pour produire

un certain résultat, Dieu se sert des causes naturelles.

Donc, lorsque nous voyons certaines causes aujourd'hui amener graduellement de nouvelles formations à leur perfection, nous pouvons croire et affirmer que les anciennes formations ont été créées de la même manière.

Mais si ces arguments paraissent insuffisants, il s'en présente une foule d'autres.

En examinant ces formations séparément, nous verrons qu'elles se composent de couches successives, et que ces couches elles-mêmes se forment de feuillets superposés.

Ces couches ont été évidemment déposées l'une après l'autre, et à un intervalle de temps considérable; car elles sont dues aux dépôts successifs et interrompus des eaux, et chacune d'elles a dû se solidifier avant que la suivante se soit déposée sur elle.

Voici ce qui le prouve :

On trouve fréquemment, sur ces couches, la marque du sillon creusé par la vague et même l'empreinte des pas de quelque animal.

La couche supérieure n'a donc pu se déposer que lorsque celle qui la supporte était déjà solide; puisque, sans cela, les marques eussent été effacées.

Nous savons tous que la solidification d'une masse aqueuse demande un temps considérable. Quelle longue période de temps a-t-il donc fallu pour amener la solidification des nombreuses couches dont se compose la masse entière de la formation ?

Pour vous donner une idée du temps que mettent ces

couches à se former, je prendrai pour exemple ce qui se passe actuellement sous nos yeux.

On constate que, dans le plus grand nombre des lacs, le fond s'exhausse à peine de deux décimètres par siècle.

Or, les couches du *vieux grès rouge* offrent une profondeur verticale de douze à quinze cents mètres; la seule formation de ce *vieux grès rouge* aurait donc exigé une période de six à sept cent mille ans, sans compter le temps qui a dû s'écouler entre les dépôts successifs des différentes couches.

Une autre preuve qu'on peut invoquer en faveur de la formation lente de ces dépôts, est la présence des restes nombreux de végétaux et d'animaux qui existaient à l'époque où se sont faites les couches dans lesquelles ils restent aujourd'hui renfermés.

Un grand nombre d'autres faits prouvent la grande antiquité de la terre.

Depuis que l'homme existe sur le globe, c'est-à-dire depuis six mille ans environ, soixante mètres à peine de terrains se sont élevés, tandis que l'épaisseur totale de la croûte terrestre est d'au moins vingt-cinq kilomètres.

Or, l'homme n'existait pas lors de la formation des terrains anciens dont je vous ai parlé, car, jusqu'aux terrains d'alluvion, on ne constate pas la moindre trace de sa présence.

S'il avait vécu à cette époque, on retrouverait ses os conservés aussi bien que ceux des autres animaux.

Tous ces faits ne permettent donc pas de douter que, comme l'ont affirmé les géologues, la terre ne soit vieille de plusieurs millions d'années, depuis que Dieu l'a créée par la toute-puissance de sa volonté.

Je vous ai déjà dit que, sauf l'enveloppe immédiate du noyau terrestre, due à l'action du feu et cristallisée par le refroidissement, les terrains qui composent la croûte solide du globe doivent leur origine au dépôt de détritus charriés par les eaux et semblables aux vases de nos rivières ou aux sables des rivages de la mer.

Ces sables, plus ou moins menus, agglutinés par des sucs calcaires ou siliceux, composent les roches appelées *grès*.

Ces terrains de dépôt ou de sédiment sont toujours des couches successives et bien visibles.

Quoique tous aient été déposés par les eaux, quoiqu'on les rencontre dans les mêmes localités et les uns sur les autres, le passage d'une espèce de terrain à la suivante ne se fait pas par des nuances insensibles.

On remarque constamment une différence subite et tranchée dans la nature physique du dépôt et dans celle des êtres organisés dont on y déterre les restes.

On y reconnaît encore les témoignages d'un bouleversement plus ou moins profond, d'une réaction plus ou moins violente de la masse fluide interne contre l'enveloppe solide qui l'emprisonne.

Si la terre n'avait jamais subi aucun bouleversement, toutes les couches sédimentaires dont se compose son écorce solide seraient rigoureusement *concentriques* ; elles se recouvriraient toutes successivement, et la dernière enveloppant chacune de celles qui l'ont précédée, se trouverait elle-même ensevelie sous les eaux qui s'étendraient en une mer sans bornes sur toute la surface du globe. Aucune terre ne paraîtrait donc au-dessus des eaux, et l'homme par conséquent n'existerait pas.

Il a donc fallu nécessairement que le globe subisse un certain nombre de révolutions pour élever quelques-unes de ses parties au-dessus des eaux, et arriver à l'état actuel.

Les terrains les plus bas, les plus unis ne nous montrent, même lorsque nous y creusons à de très-grandes profondeurs, que des couches horizontales de matières plus ou moins variées, qui enveloppent presque toutes d'innombrables produits de la mer. Quelquefois même les coquilles s'y rencontrent en telle quantité, qu'elles forment à elles seules la masse du sol. Toutes les parties du monde, tous les continents, toutes les îles de quelque étendue, offrent le même phénomène.

Ces coquilles se mêlent à des débris de corps marins, de plantes, de dents et d'arêtes de poissons.

Ces différents corps sont presque toujours si parfaitement conservés qu'on ne peut élever le moindre doute sur leur nature.

On les recueille dans les pierres les plus dures, comme dans les sables et les terres les plus molles.

Coquilles, poissons, plantes marines, ils ont nécessairement vécu dans la mer, et ont été déposés par elle aux lieux mêmes où on les retrouve; ils y ont été placés tranquillement, lentement; car, entraînés violemment par les eaux, transportés par quelque inondation subite, comme on l'a prétendu, ils seraient brisés, mélangés ensemble, accumulés sans ordre; or, c'est le contraire qui arrive.

Le temps n'est plus où l'ignorance pouvait soutenir

que ces coquilles, ces restes de corps organisés étaient
de simples jeux de la nature, des ressemblances dues
au hasard, ou, comme le prétendait Voltaire, qu'elles
avaient été jetées en route par les pèlerins qui revenaient
de la Terre sainte ; opinion tellement ridicule, qu'elle
ne méritait pas d'être réfutée : Buffon a pris cependant
la peine de le faire.

Il suffit de dire que ces coquilles forment souvent
des bancs de quatre et huit cents kilomètres carrés, et
l'on en connaît un, en Touraine, qui n'a pas moins de
cent trente millions de toises cubiques.

Dans les pays de plaines les couches sont donc horizontales ; mais en approchant des contrées montagneuses,
cette horizontalité s'altère ; sur les collines elles deviennent obliques, sur les flancs des montagnes elles sont
très-inclinées, et lorsqu'on s'élève plus haut elles de-
deviennent même parfois verticales.

Or, les couches de sédiment inclinées qu'on voit sur
les pentes des montagnes ont-elles pu s'y déposer
d'elles-mêmes dans des positions obliques ou verticales ? Evidemment non.

On doit donc supposer qu'elles formaient primitivement des bancs horizontaux, comme les couches con-
temporaines de même nature que l'on rencontre en
creusant dans les plaines, et qu'elles ont été soulevées
et redressées par une force agissant de dedans au dehors.

En effet, les bancs redressés qui forment les flancs
et souvent les crêtes des montagnes secondaires ne reposent pas sur les couches horizontales qui semblent
leur servir de point d'appui, mais ils s'enfoncent
au contraire sous elles.

Les couches obliques sont donc plus anciennes que les couches horizontales ; et comme elles appartiennent aux terrains de sédiment ou de dépôt, et qu'il est impossible par conséquent qu'elles n'aient pas été formées horizontalement, il en résulte clairement qu'elles ont été relevées, et qu'elles l'ont été avant que les autres s'appuyassent sur elles.

Si nous atteignons les sommets escarpés des grandes chaînes qui traversent nos continents en différentes directions et constituent en quelque sorte le squelette et comme la grosse charpente de la terre, nous trouvons des roches plus dures, cristallisées, et qui ne contiennent aucun vestige d'êtres vivants. Ce sont des granites, des porphyres et d'autres roches de nature ignée, les plus anciennes que nous connaissions, et dont les couches s'enfoncent sous toutes les autres.

Elles ont donc percé violemment la croûte terrestre, brisant, déchirant et redressant les autres couches qu'elles traversaient. Leurs crêtes déchiquetées, les pics aigus qui les hérissent signalent de loin la manière violente dont elles se sont élevées.

Voici un tracé qui vous donnera une idée de ces soulèvements :

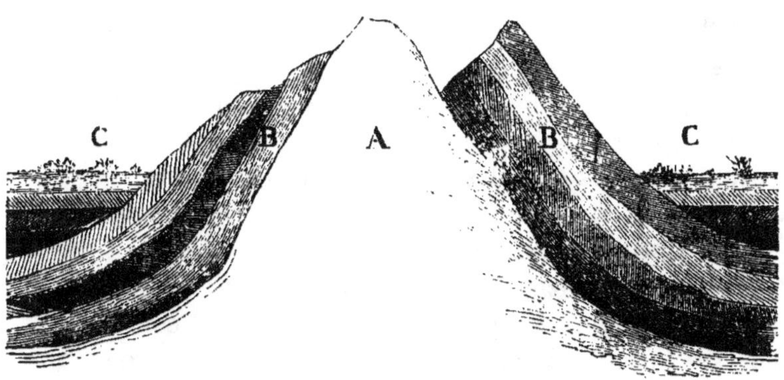

Soulèvement des montagnes.

A est la masse granitique formant comme le noyau de la montagne.

B B sont les couches percées et soulevées par A.

C C sont les couches horizontales formées postérieurement au soulèvement.

L'histoire de la terre offre donc :

D'une part, de longues périodes de repos comparatif, pendant lesquelles le dépôt de la matière sédimentaire s'est opéré d'une manière régulière et continue ;

Et de l'autre, des périodes de très-courte durée, pendant lesquelles ont eu lieu de violents paroxysmes interrompant la continuité de cette action lente.

Chacune de ces époques de paroxysme ou de révolution dans l'état de la surface de la terre se caractérise par la formation subite des montagnes sorties du sein de la terre en perçant violemment sa croûte.

Ainsi s'expliquent le redressement des couches horizontales et la présence des coquillages au sommet des plus hautes montagnes.

Ces révolutions violentes portaient nécessairement la perturbation dans l'état des choses existant au moment où elles se produisaient.

Aussi, après chacune de ces révolutions, un changement considérable s'opère-t-il dans la nature des dépôts suivants et dans celle des êtres organisés qu'ils renferment.

La dernière révolution du globe a donné lieu au soulèvement de l'immense chaîne des Andes ou Cordilières de l'Amérique, et comme cet événement paraît coïncider avec l'époque à laquelle les Ecritures placent le déluge, on en conclut que l'émersion subite de cette énorme masse de montagnes hors de l'Océan a été l'un des moyens employés par Dieu pour produire l'effroyable cataclysme dont les traditions de tous les peuples font mention.

CHAPITRE DOUZIÈME

LA SAINTE BIBLE ET LA SCIENCE

Nous voici arrivés à une grave question, mes amis, dit le docteur qui reprit la parole. C'est l'accord des découvertes de la géologie avec le texte des livres saints.

« On peut s'étonner à juste titre, dit le docteur Buckland, que quelques hommes pleins de savoir et sincèrement religieux, ne voient que d'un œil soupçonneux et jaloux, les progrès que fait chaque jour l'étude des phénomènes de la nature, lorsqu'on sait quelles preuves nombreuses cette étude nous fournit des attributs les plus élevés de la Divinité, et que les conclusions qui leur sont offertes par les géologues, comme le résultat de leurs laborieuses et patientes investigations, ne soient reçues qu'avec les sentiments d'une méfiance injurieuse ou d'une incrédulité absolue. »

Ces doutes et cette répulsion ont pour cause principale l'antiquité reculée que la géologie attribue à la terre, ancienneté qui paraît en opposition avec ce que nous apprend la Bible.

On s'est fait une habitude d'assigner à l'univers aussi bien qu'à l'espèce humaine six mille ans d'existence, et l'on croit généralement que l'univers entier est l'œuvre des *six jours* dont parle Moïse. Mais c'est là une mauvaise interprétation du texte sacré, et je me propose de vous le prouver facilement.

Il n'existe en réalité ni opposition ni désaccord entre la Bible et la science.

Pourquoi hésiterait-on à reconnaître à notre globe une existence aussi ancienne que le démontrent si clairement les recherches de la science? Les livres sacrés ne nous indiquent nullement le temps de la création première; et plus ce temps est reculé, plus il augmente l'idée que nous nous faisons de la puissance de Dieu.

Le récit de Moïse commence par apprendre que : « Dans le commencement Dieu créa le ciel et la terre. »

Ce peu de mots indique la création des éléments matériels dans une durée qui précéda distinctement les opérations du premier jour.

Nulle part il n'est dit que Dieu créa le ciel et la terre dans « le premier jour, » mais bien dans « *le commencement*. »

Ce commencement a pu avoir eu lieu à une époque reculée de plusieurs millions de siècles, pendant lesquels s'accomplirent toutes les révolutions physiques dont la géologie retrouve les traces.

Le premier verset de la Genèse renferme donc explicitement la création de l'univers tout entier; — du ciel — ce mot s'appliquant à l'ensemble du système sidéral; et de — la terre — désignée spécialement, parce qu'elle est la scène où vont se passer les événements de l'histoire des six jours.

Quant aux événements qui n'ont pas rapport à

l'histoire de l'espèce humaine et qui ont eu lieu sur la surface du globe depuis ce *commencement* indiqué par le premier verset, il n'en est point fait mention. Aucune limite n'est donc imposée à la durée de ces événements. Des millions de millions d'années ont pu se passer dans l'intervalle compris entre ce *commencement* où Dieu créa le ciel et la terre.

Le second verset apprend que la terre était sans forme et vide, c'est-à-dire déserte et désolée, et que les ténèbres s'étendaient sur la face de l'abîme.

Tel était donc l'état du globe avant le premier des six jours employés par Dieu pour remanier la terre afin de la rendre propre au séjour de l'homme.

Ce second verset mentionne clairement la terre et les eaux comme existant déjà et comme enveloppées dans les ténèbres.

Et ce qui confirme cette supposition de la création originaire du monde au commencement et de sa réformation subséquente après une période indéfinie, c'est que, dans l'*Exode*, xx, 11, on lit que le Seigneur *fit* en six jours le ciel et la terre, et que le mot hébreu ne signifie pas *créer* de rien, mais *faire* de quelque chose déjà existant, comme un menuisier fait une table avec du bois ; tandis que', dans le premier verset de la *Genèse*, le mot hébreu signifie bien *créer*.

Donc le premier verset de la Bible décrit simplement l'origine du monde créé de rien par Dieu au commencement des choses, et, à partir du troisième verset, le reste du chapitre décrit la manière dont le Seigneur remania la terre en six jours, ou plutôt en six *époques*, et la fit à peu près telle que nous la voyons maintenant.

8·

Déjà, du temps de saint Augustin, on traduisait le mot *jour* par le mot *époque*.

Interprété ainsi, il n'y a rien dans le livre de la Genèse qui ne soit d'accord avec la géologie sur l'antiquité très-reculée de la terre.

Cette interprétation, si elle m'appartenait en propre, n'aurait pas grande autorité, mais elle provient des plus savants théologiens de notre époque.

Le *premier jour*, Dieu sépara la lumière d'avec les ténèbres, c'est-à-dire qu'il dégagea la lumière des ténèbres temporaires qui enveloppaient les ruines de l'ancien monde.

Car la lumière existait déjà, comme le prouve l'organisation des animaux qui vivaient avant cette époque et dont l'appareil optique devait être analogue à celui des animaux existants aujourd'hui.

De plus, la présence de la lumière est tellement indispensable à l'accroissement des végétaux actuels, qu'on peut croire que cette condition était non moins indispensable au développement des nombreuses espèces végétales fossiles qui accompagnent les débris des animaux dans toutes les couches des formations sédimentaires.

En effet, la lumière n'est pas une substance matérielle, mais seulement un effet des ondulations de l'éther, substance infiniment subtile et élastique qui remplit l'espace tout entier.

Tant que l'éther demeure en repos, il y a obscurité complète; si, au contraire, l'éther se place dans un certain état de vibration, la sensation de la lumière existe.

De plus, ces vibrations peuvent être produites par diverses causes, telles que le soleil, les astres, l'électricité et la combustion.

La lumière n'est donc pas une substance particulière, mais une série de vibrations de l'éther, c'est-à-dire un effet produit sur un fluide subtil par l'action d'une ou plusieurs causes extérieures ; or, la *Genèse* ne dit pas, dans les versets iii et iv, que la lumière fut *créée*, mais elle dit que la lumière fut mise en action.

Ce n'est que dans les xive et xve versets, c'est-à-dire au quatrième jour, que Moïse parle du « soleil et des « luminaires des cieux. »

Nous avons vu que la lumière existait déjà, puisque le ive verset dit que Dieu sépara la lumière d'avec les ténèbres.

Il est évident que les paroles de Moïse sur le soleil et la lune ont trait seulement aux rapports de ces astres avec notre globe et plus spécialement avec l'espèce humaine qui allait y prendre place.

C'est-à-dire que ces corps célestes furent alors spécialement adaptés à des fonctions d'une grande importance pour l'espèce humaine : à verser la lumière sur la terre et à fixer les mois, les saisons et les années.

Quant au fait même de leur création, on l'a su dès le premier verset.

La terre et les corps célestes ont donc été créés à l'époque du *commencement*, et les ténèbres qui couvraient la terre au *premier jour* n'étaient que des ténèbres temporaires produites par l'accumulation des vapeurs denses sur la face de l'abîme. On conçoit de quelle manière un commencement de dispersion de ces vapeurs rendit, le *premier jour*, la lumière à la surface de la terre, sans que, pour cela, les causes qui produisaient cette lumière, c'est-à-dire les astres, cessassent de rester obscurcis. On conçoit encore comment, au quatrième jour, la purification complète de l'atmosphère permit que le soleil, la lune et les astres apparussent dans les cieux.

Moïse ne parle pas de la formation des montagnes, mais on retrouve dans certains passages des Ecritures des allusions très-claires à ces événements géologiques.

David, dans un de ses psaumes, dit :

« La terre a été ébranlée par la présence du Seigneur.

» Les montagnes bondirent comme des béliers et les collines comme des agneaux. »

Et Salomon, dans ses *Proverbes*, fait ainsi parler la Sagesse :

« J'étais déjà conçue avant que les abîmes ne fussent sortis de la terre.

» La pesante masse des montagnes n'était point encore formée ; j'étais enfantée avec les collines.

» Le Seigneur n'avait point encore façonné la terre ; il n'avait point encore produit les hauteurs, ni fait tourner la terre sur ses pôles.

» J'étais présente lorsqu'il affermissait les cieux, lorsqu'il environnait les abîmes de leurs bornes et qu'il leur prescrivait une loi invariable, lorsqu'il affermissait l'air au-dessus de la terre, lorsqu'il renfermait la mer dans ses limites et qu'il imposait une loi aux eaux, afin qu'elles ne passassent point leurs bornes, lorsqu'il posait les fondements de la terre. »

CHAPITRE TREIZIÈME

DÉBRIS FOSSILES DES ÊTRES ORGANISÉS QUI ONT PRÉCÉDÉ L'HOMME SUR LA TERRE

Ceux qui veulent trouver dans la Bible une histoire complète et détaillée des phénomènes géologiques exigent trop; ils doivent se tenir dans l'esprit de généralité de la Genèse, et s'identifier avec la couleur éminemment poétique de la langue hébraïque de ces temps reculés.

Lorsque la terre et les eaux sont préparées à recevoir les êtres organisés, la Genèse place la création des végétaux avant celle d'aucun animal. C'est, en effet, ce que nous démontre la géologie.

Puis vient la création des animaux aquatiques. C'est encore ce que prouve la géologie.

Dans le texte hébreu viennent ensuite les oiseaux. N'en est-il pas de même dans la science?

Puis la Genèse fait paraître les mammifères.

Enfin l'homme est le dernier des êtres vivants créés. Il régnera sur la terre par son intelligence, qui lui permettra de comprendre la puissance et la sagesse de Dieu et de l'admirer et de l'adorer dans ses œuvres.

Le docteur de Frémicourt laissa quelque temps son petit auditoire réfléchir sur les grandes vérités qu'il venait de développer, et reprit ensuite :

— De la rapide esquisse que je viens de vous tracer de l'histoire et des révolutions du globe, il résulte que toutes les parties de la terre, pendant des périodes plus ou moins longues, ont été tour à tour, soit recouvertes par les eaux, soit laissées à sec.

Les bassins des mers ou des lacs formés par ces eaux ont été comblés et modifiés par suite des matières solides qui s'y sont déposées.

Un phénomène semblable se passe actuellement sous nos yeux. Chaque année il s'applique, sur les fonds recouverts par des masses liquides, une nouvelle couche, et, dans ce dépôt annuel, les eaux ensevelissent tous les objets tombés pendant ce même temps dans leur profondeur.

Au fond de l'immense cimetière s'enterrent les coquillages, les squelettes des poissons et des animaux marins, les plantes, les cadavres d'animaux terrestres et tous les objets que l'eau courante ramasse sur sa route pour les verser dans les grands réservoirs d'eau douce ou d'eau salée.

Ces couches superposées deviennent, vous le voyez, de vastes musées où l'homme peut lire l'histoire des êtres qui précèdent son apparition sur le globe. On retrouve partout de ces dépôts. Les pierres, depuis les marbres les plus durs jusqu'aux moëllons les plus grossiers, sont parsemés de débris de plantes et d'animaux ensevelis dans ce dépôt tandis qu'il se formait.

Sans les débris fossiles des êtres organisés une foule

de points resteraient obscurs et insolubles pour le géologue.

Ils sont les caractères au moyen desquels on lit l'histoire du globe.

Seuls, en effet, ils indiquent d'une façon certaine que la terre n'a pas toujours eu la même enveloppe ; car ces êtres ont nécessairement vécu à sa surface avant que de s'y ensevelir.

S'il n'y avait que des terrains sans fossiles, personne ne pourrait soutenir que ces terrains n'aient pas été créés tous ensemble. Sans ces témoins irrécusables, on ne pourrait dire que tel dépôt a été formé par la mer ou par l'eau douce ; on ne pourrait savoir que les eaux ont tour à tour recouvert et abandonné certaines parties du globe.

Les fossiles ont donné, par conséquent, naissance à la théorie de la terre et fournissent les principales lumières pour établir cette théorie.

Grâce à ces premiers débris, Cuvier a pu reconnaître, dans ses importantes recherches sur les ossements fossiles des environs de Paris, les divers changements subis par cette région.

D'abord une vaste mer recouvrit la contrée où s'élève aujourd'hui la capitale de la France.

Cette mer, après avoir longuement et paisiblement déposé les couches diverses qui forment le sol inférieur, disparut.

Par suite de l'abaissement progressif des eaux de la mer, le grand bassin devint un golfe, dans lequel les affluents fluviatiles accumulèrent leurs eaux douces pour y établir de vastes lacs.

Dans ces lacs se formèrent, pendant une longue succession de siècles, des couches de sédiment, où les animaux particuliers, vivant dans ces lacs ou sur leurs bords, ont laissé leurs restes enfouis au sein de la vase qui les a conservés.

Une commotion, qui brisa et qui déplaça les couches et le bassin, interrompit ces dépôts.

La mer fit une nouvelle irruption et détruisit nécessairement d'un seul coup toute la population terrestre et fluviatile.

En témoignage de son irruption et de son long séjour, elle laissa des bancs épais de coquilles marines et d'autres fossiles.

Peu à peu, l'eau douce envahit de nouveau le bassin et le changea en un immense étang saumâtre qui, par ses dépôts vaseux, éleva son fond, comme l'indique la nature des plantes et des animaux contenus dans ces dépôts.

Les vases supérieures de ces dépôts, devenues fertiles par leur desséchement gradué, sont aujourd'hui les champs que cultivent les paysans des environs de Paris.

Les fossiles se présentent sous différents états :

Tantôt, comme vous l'avez vu cet après-midi, dans le champ de la mère Javotte, ce sont les parties solides des êtres enfouis, plus ou moins modifiées dans leur texture : tels sont les os des animaux vertébrés, les coquilles, les enveloppes calcaires des crustacés.

Tantôt le corps organisé a disparu après avoir été enveloppé par la pierre. Dans la cavité qui en résulte, il s'est déposé une substance nouvelle qui reproduit plus ou moins exactement la forme du corps perdu.

Tantôt il ne reste de ce corps que de simples empreintes.

Ces débris se réduisent presque toujours, pour les animaux vertébrés, à des os et à des dents.

Cependant, au moyen de si faibles restes, les naturalistes peuvent se faire une idée très-juste et assez complète des animaux primitifs.

Pour concevoir comment on y parvient, il suffit de connaître un principe d'anatomie que Cuvier a développé et qu'il a nommé *le principe de la corrélation des formes*.

Ce principe consiste en ceci : que *toutes les parties des animaux sont entre elles dans un rapport tel, que la forme de l'une étant donnée, l'on peut, en général, en déduire celle de toutes les autres.*

Un être organisé forme un ensemble, un système unique, dont les parties se correspondent mutuellement et concourent à la même action définitive par une réaction réciproque.

Aucune de ces parties ne peut changer sans que les autres ne changent aussi. Par conséquent, chacune d'elles, prise séparément, indique et donne toutes les autres.

Les intestins d'un animal sont-ils organisés de manière à ne digérer que de la chair et de la chair vivante, il faut que ses mâchoires soient construites pour dévorer une proie ; ses griffes pour la saisir et la déchirer ; ses dents pour la couper et la diviser ; ses membres pour la poursuivre et pour l'atteindre ; ses organes des sens pour l'apercevoir de loin. Il faut même encore que la nature place dans son cerveau l'instinct de se cacher et de tendre des piéges à ses victimes.

9

Telles étant les conditions générales du régime carnivore, tout animal destiné à se nourrir de chair, les
réunira infailliblement; car, sans cela, son espèce ne
pourrait subsister.

En outre de ces conditions générales, il en existe de
particulières, relatives à la grandeur, à l'espèce, au séjour de la proie destinée à l'animal. De chacune de ces
conditions *particulières* résultent des modifications de
détail dans les formes qui dérivent des conditions *générales*.

Ainsi l'ordre, le genre et jusqu'à l'espèce de l'animal,
s'expriment par la forme de chaque partie.

En effet, pour que la mâchoire puisse saisir, il lui
faut une certaine forme, un certain rapport entre sa
puissance et son point d'appui, un certain volume dans
les muscles, une certaine force aux points qui leur donnent appui.

Pour que l'animal emporte sa proie, il lui faut
une certaine vigueur dans les muscles qui soulè-
vent sa tête, d'où résultent une force déterminée dans
les vertèbres où ces muscles prennent leurs attaches.

Pour que les dents puissent couper la chair, il faut
qu'elles soient tranchantes; leur base sera d'autant plus
solide que les dents auront de plus gros os à briser.

Ces circonstances influeront aussi sur le développement des autres parties qui servent à mouvoir la mâchoire.

Afin de saisir leur proie, ils doivent naturellement posséder de la mobilité dans les doigts, et de la force dans
les ongles, d'où il résultera de ces conditions, des formes déterminées dans toutes les phalanges et des

distributions nécessaires de muscles et de tendons.

L'avant-bras aura de la facilité à se tourner, et partant des formes déterminées dans les os qui le composent; les os de l'avant-bras qui s'articulent sur l'humérus ne peuvent changer de formes sans entraîner des changements de formes dans l'humérus.

Le jeu de toutes ces parties exige chez tous leurs muscles des proportions particulières, et les impressions de ces muscles ainsi proportionnés déterminent encore plus particulièrement les formes des os.

On peut tirer des conclusions semblables pour les extrémités postérieures qui concourent à la rapidité des mouvements généraux; pour la composition du tronc et les formes des vertèbres, qui influent sur la facilité, la flexibilité de ces mouvements; pour les formes des os du nez, de l'orbite de l'œil, de l'oreille dont les rapports avec la perfection des sens de l'odorat, de la vue, de l'ouïe sont évidents.

En un mot, la forme de la dent entraîne la forme de la mâchoire, la forme des membres entraîne la forme des ongles. Il en est de même de l'ongle, de l'omoplate, du fémur et de tous les autres os qui, pris chacun séparément, donnent la dent ou se donnent réciproquement.

En commençant par chacun d'eux, celui qui posséderait rationnellement les lois de l'économie organique pourrait refaire une peinture complète de l'animal entier.

Ce principe, assez évident en lui-même, n'a pas besoin d'un plus ample démonstration; l'observation et l'expérience prouvent que ces rapports restent constants.

L'application de cette méthode a donné des résultats

merveilleux entre les mains d'hommes supérieurs.

Cuvier, par exemple, a souvent pu, à l'aide d'un simple fragment d'os, *reconstruire* aussi sûrement l'animal entier que s'il en avait eu l'original complet devant les yeux.

Grâce aux efforts des naturalistes successeurs de Cuvier, on peut donc, pour ainsi dire, ressusciter cette vieille population des temps primitifs du globe, exhumée désormais de sa sépulture de pierre.

CHAPITRE QUATORZIEME

LE TERRAIN PRIMITIF

Le colonel reprit ensuite la parole.

— Mon ami, dit-il, vous a tracé déjà le rapide tableau des couches successives dont la nature a enveloppé notre globe; je vais maintenant les reprendre une à une, et passant d'époque en époque, vous faire connaître les végétaux et les animaux qui y apparaissent successivement à mesure qu'on se rapproche du temps présent.

Vous savez déjà que les terrains dont se compose l'écorce du globe se succèdent de bas en haut dans un certain ordre où les couches supérieures ont en général le caractère de *sédiments* ou *dépôts*, tandis que dans les couches inférieures on remarque des traces de *fusion* et de *solidification* à la suite d'une *fluidité ignée*.

Cette règle toutefois admet des exceptions, car on voit quelquefois se produire le contraire.

Mais un examen plus approfondi démontre que l'exception n'est qu'apparente.

Les couches formées par la *voie ignée* et exceptionnellement superposées à d'autres, ont jailli de l'intérieur de la terre, soit sous forme d'*éjections volcaniques*, soit dans le *soulèvement* des montagnes primitives.

Quel qu'ait été l'état primitif de la terre, il y a eu un moment, qu'on peut considérer comme le point initial du globe te.. estre, où elle s'est *condensée en une masse de substances en fusion*, et *un centre*, où, par le *refroidissement*, *une pellicule a dû se former à sa surface.*

Cette pellicule, qui s'augmente constamment et intérieurement de haut en bas et qui s'accroît sans cesse encore par l'addition de nouvelles couches se solidifiant au fur et à mesure que la déperdition du calorique a lieu, constitue ce que l'on appelle le *terrain primitif.*

La première enveloppe du noyau terrestre mesure environ quatre-vingts kilomètres d'épaisseur.

Les *couches cristallisées* ou *roches plutoniennes* (1) qui composent ce terrain primitif sont inconnues à l'homme.

Seulement, il sait qu'elles forment, par leurs mélanges, le *granite* (2), le *porphyre* (3), le *basalte* (4) ou la *lave* (5) que rejettent encore aujourd'hui nos volcans.

Le terrain *primitif*, proprement dit, diffère des terrains *sédimentaires*, en ce que toujours il se compose

(1) De Pluton, dieu des Enfers.
(2) De *granito*, grenu.
(3) D'un mot grec qui signifie *rouge*.
(4) Mot employé par les Romains et par Pline pour désigner une roche noire et très-dure provenant d'Éthiopie.
(5) De l'allemand *lauven*, couler.

de *roches à éléments cristallins agrégés*, *formés sur place*. Il ne contient ni sable, ni cailloux roulés, ni au-cun débris de corps organisés.

Quand il se présente à la surface, le *terrain primi-tif*, ingrat et stérile pour l'agriculteur, devient une source de richesses pour le mineur. Ce dernier y trouve un très-grand nombre de filons métallifères, contenant de l'or, de l'argent, de l'oxyde d'étain, du cuivre, du cobalt et de riches gisements de fer. Enfin, le *grenat*, le *corindon*, le *rubis* et plusieurs autres pierres précieuses s'y rencontrent fréquemment.

Après avoir roulé dans l'espace son globe incandes-cent pendant des siècles et des siècles, et lorsque la croûte solide de la terre se trouva suffisamment épaissie pour former comme un écran qui interceptât en partie la chaleur des matières fluides internes, l'eau, vaporisée jusqu'alors par la chaleur, retomba à l'état liquide sur la surface du globe.

Il dut en résulter une immense oxydation, une cor-rosion des roches, et les eaux, en entraînant les détri-tus, les déposèrent en couches sédimentaires quelque-fois considérables.

Mais, à cause du refroidissement successif et conti-nuel, la croûte-enveloppe se contracta, se brisa et produisit des fissures par lesquelles les matières en ébul-lition s'échappèrent et se répandirent au dehors.

Ces matières éruptives recouvrirent en masses, quel-quefois considérables, les couches sédimentaires, comme le font encore aujourd'hui les laves plus ou moins épaisses vomies par les volcans, et qui se déposent sur les couches stratifiées.

D'autres fois, par les fentes et les fissures gigantesques, s'échappaient des gaz de différentes natures et des substances métalliques vaporisées, qui se condensaient et venaient tapisser les parois de ces gouffres béants.

Telle est l'origine des filons métallifères ; telle est aussi la cause de la présence des roches ignées, telles que le *granite*, le *porphyre*, les *laves*, le *basalte*, au-dessus des couches sédimentaires.

Parmi ces produits du terrain primitif, les plus curieux sont les *roches basaltiques*, qui, perçant les couches sédimentaires, les traversent sous forme de filons et se divisent en longs prismes qui semblent de véritables colonnades.

Quelquefois, toutes les colonnes brisées sur un même niveau, ressemblent à des pavés composés de pièces à pans régulièrement accolés et s'étendent sur un espace plus ou moins considérable en amphithéâtre les uns au-dessus des autres.

La grandeur, l'aspect imposant de ces pavés leur a fait donner le nom de *Chaussée des Géants*.

On en voit un bel exemple dans le département de l'Ardèche, sur les bords de la petite rivière du Volant.

Ailleurs, les prismes de basalte, au lieu de se découvrir par leurs tranches, forment d'énormes faisceaux que séparent des espaces vides. Cette disposition a *produit* les magnifiques colonnades naturelles de la grotte de Fingal dans l'île de Staffa.

Au premier coup d'œil, on serait tenté de croire que ces colonnades doivent leur régularité et leurs formes grandioses à l'idée préconçue d'un architecte.

On se demande comment des matières en fusion se

sont coordonnées avec tant d'ordre pour former une sorte de palais étrange.

La grotte de Fingal.

Aussi, jusqu'au jour où la science est venue donner l'explication rationnelle du phénomène, a-t-on attribué à des fées la construction de ces grottes.

La surface du globe devait nécessairement présenter, à cette époque, une température beaucoup trop élevée pour qu'aucun être organisé y existât. Aussi ne trouve-t-on dans le terrain primitif nul vestige de fossiles.

On ne les rencontre que dans les terrains *sédimentaires*, dont je vais vous parler.

CHAPITRE QUINZIÈME

TERRAINS SÉDIMENTAIRES

LES PREMIÈRES PLANTES ET LES PREMIERS ANIMAUX

Les terrains sédimentaires ou terrains *neptuniens*, c'est-à-dire formés par les eaux, consistent en une enveloppe composée de couches nombreuses et de nature très-variée.

Leur épaisseur, beaucoup moins grande que celle du terrain primitif, excède à peine un myriamètre (deux lieues et demie).

Ils consistent, généralement en couches de sable, d'argile, de marnes ou de calcaires, formées aux dépens des terrains primitifs, par suite de la désagrégation et de la décomposition d'une partie des éléments qui constituent ceux-ci

Ces couches, nées les unes après les autres, appartiennent nécessairement à divers âges.

Elles contiennent presque toujours 'es débris de corps organisés, et représentent une période organique.

En effet, chacune d'elles recèle les débris fossiles des animaux et des végétaux qui existaient lors de sa formation, débris que le mineur et le géologue arrachent tous les jours de leurs sépultures multiséculaires.

On reconnaît en général que les corps organisés fossiles diffèrent d'autant plus de ceux qui vivent actuellement que les couches qui les renferment datent de plus long-temps.

Le premier étage des *terrains sédimentaires* reçoit le nom de *cambrien*, dérivé du Cumberland, province anglaise, où il se montre sur une grande étendue.

Ce terrain, formé aux dépens des roches primitives, contient les éléments remaniés de ces roches.

Ces différentes couches sont des *schistes cristallins*, des *schistes argileux*, *ardoisiers*, des *grès* et des *calcaires*, des *quartz*.

Dans cet étage on trouve les premières traces d'êtres organisés (mollusques, crustacés), c'est-à-dire de coquillages et d'animaux recouverts d'une enveloppe solide, (du mot latin *mollis*, mou, et du mot *crusta*, croûte).

A cette époque, la température de la terre devait atteindre à la surface, quarante à cinquante degrés; chaleur trop élevée encore pour permettre de vivre à des êtres d'une organisation compliquée ou supérieure,

Cette chaleur coagule l'albumine, et elle détruirait aujourd'hui tous les germes féconds ; mais elle convenait parfaitement, comme le prouve le fait, à des créatures d'un ordre inférieur.

A cette élévation de la température, l'atmosphère se chargeait de vapeurs d'eau, tandis que, par les nombreuses crevasses de la terre, s'exhalait sans cesse du gaz acide carbonique, ainsi qu'on le voit encore maintenant dans les contrées volcaniques.

Or, cette atmosphère saturée d'humidité et de gaz acide carbonique offrait des conditions singulièrement favorables à la croissance des végétaux.

En effet, à cette époque les plantes prenaient un développement considérable.

Comme l'enseigne Moïse, la création des végétaux a précédé celle des animaux.

Les plantes peuvent, en effet, vivre sans les animaux, tandis que les animaux ne peuvent vivre sans les plantes. Les carnassiers eux-mêmes, qui se nourrissent d'espèces herbivores, n'existeraient pas sans les végétaux.

A côté de cette raison déjà évidente, il en existe une autre non moins puissante.

L'air, chargé de gaz acide carbonique, très-propice aux plantes, est mortel aux animaux ; il fallait donc que cet air fût jusqu'à un certain point épuré par l'existence même des plantes qui en absorbaient l'acide carbonique, pour qu'il devînt respirable.

Les organisations végétales les plus simples se composent de cellules juxtaposées les unes aux autres, comme dans les algues, les lichens.

Aussi, les traces de ces plantes élémentaires se retrouvent parmi les premières couches des *terrains sédimentaires*.

Dans les *schistes argileux*, qui formaient la première vase de la mer couvrant alors la terre, on voit les empreintes des longues bandes que forment les feuilles des fucus, et si l'on ne constate pas dans ces couches plus de débris fossiles de ces premières plantes, c'est que leur substance molle et gélatineuse n'était point de nature à tracer suffisamment leur empreinte.

Les détritus de ces mêmes plantes primitives fécondèrent le limon qui put alors alimenter des roseaux et des prêles. Ceux-ci, sous l'influence de la chaleur humide et de l'acide carbonique, atteignirent des proportions gigantesques.

En même temps apparaissent les premiers échantillons du règne animal : quelques mollusques, des polypiers, des crustacés.

L'étage *dévonien*, ou du vieux grès rouge, se compose en général de grès coloré en rouge par l'oxyde de fer, alternant avec des *schistes rougeâtres* et des *schistes bitumineux*, qui renferment déjà sur quelques points des couches d'anthracite et de houille.

Ces traces mènent presque sans transition au terrain *carbonifère*.

Les terrains carbonifères ont des calcaires compactes plus ou moins imprégnés de carbone auquel ils doivent leur couleur noire, des *schistes bitumineux*, des argiles *schisteuses*, des lits d'*anthracite*.

Puis viennent de puissantes couches de houille.

Outre la houille, dans un grand nombre de couches et de groupes carbonifères, existent des lits d'un riche minerai de fer carbonaté, argileux, dont la réduction est facilitée par le voisinage du charbon de terre, et aussi par la proximité du calcaire, que l'on emploie comme *flux* pour séparer le métal du minerai; ces lits abondent ordinairement dans les couches les plus inférieures de la formation houillère.

Ainsi les ruines des forêts qui ombragèrent, il y a des

millions d'années, les terrains des premiers âges, et la boue ferrugineuse qui, à ces époques reculées, se déposait au fond des eaux, fournissent aujourd'hui des mines abondantes de houille et de fer : éléments fondamentaux de tout art, de toute industrie.

Pendant l'époque précédente, plusieurs chaînes de montagnes furent soulevées par les éruptions des *granites* et des *porphyres*, et s'il n'existait pas encore de continents, le sommet des montagnes s'élevait du moins au-dessus de l'Océan et formait de nombreux groupes d'îles.

Celles-ci se couvrirent d'une riche végétation.

Les débris amoncelés de cette végétation luxuriante, ont produit plus tard des couches nombreuses et puissantes de houille.

La houille, en effet, doit son origine à des masses de végétaux accumulés, altérés et ensuite modifiés, comme le seraient probablement les couches de tourbe de nos marais, si des bancs puissants de substances minérales venaient à les rencontrer, et si, comprimées sous leur poids, elles se trouvaient en même temps exposées à une température élevée.

La structure presque ligneuse que présente souvent la houille et les nombreux débris de plantes contenues dans les roches qui l'accompagnent en donnent des preuves suffisantes.

Les empreintes végétales les plus fréquentes observées dans la houille sont produites par des feuilles de fougères; mais ces fougères du monde primitif ne ressemblent pas toutefois à celles qui croissent aujourd'hui dans nos climats ; elles ressemblent aux fougères

arborescentes, qui poussent dans les régions équatoriales, et les dépassent de beaucoup en grandeur.

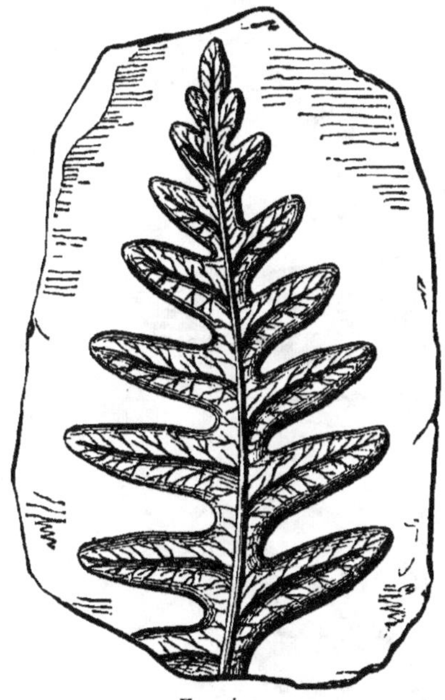

Fougère.
(*Pecopteris aquilina.*)

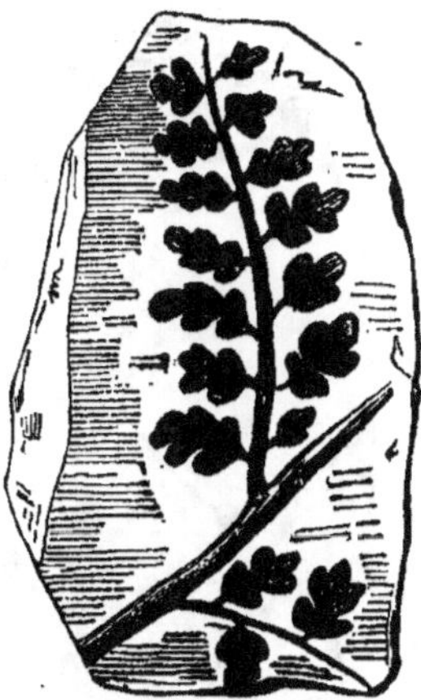

Fougère.
(*Schœnopteris hœninghausi.*)

En même temps que ces fougères, on rencontre des
tiges fossiles dont les dimensions atteignent celles des
plus grands arbres de nos forêts, mais que leur forme
en éloigne complétement.

Ces tiges, restes des forêts primitives de l'ancien
monde, présentent une ressemblance complète dans tous
les points de leur organisation avec les prêles qui croissent si abondamment aujourd'hui dans les lieux marécageux, atteignent à peine un mètre de hauteur et
la grosseur du petit doigt, tandis que les tiges de

prèles fossiles appartiennent à des plantes de cinq à six mètres d'élévation et de deux à trois décimètres de diamètre.

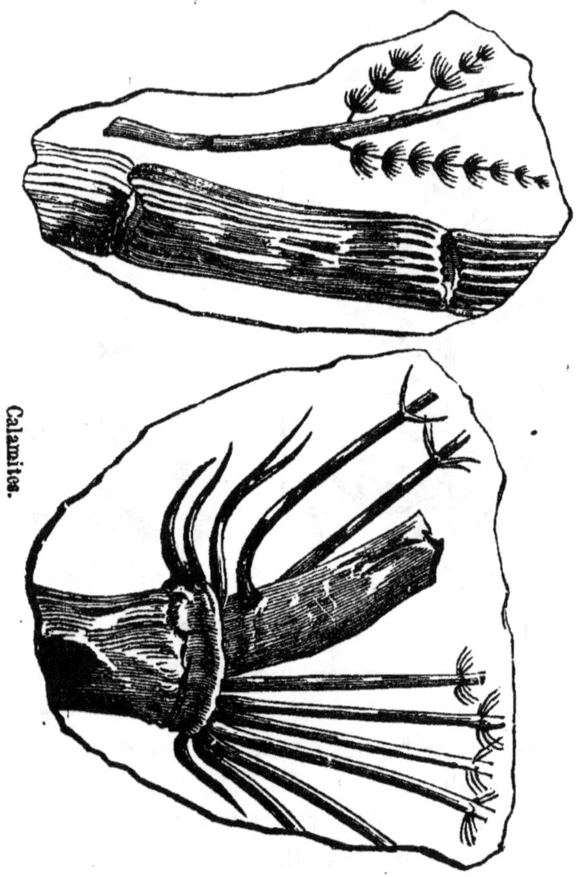

On leur donne le nom de *calamites*.

Ces végétaux qui, plus que tous les autres, contribuent sans doute à la formation de la houille, présentent la plus grande ressemblance avec nos lycopodes.

Ils ont la même structure essentielle de la tige, le même mode de ramification, les mêmes formes dans les feuilles et les fructifications.

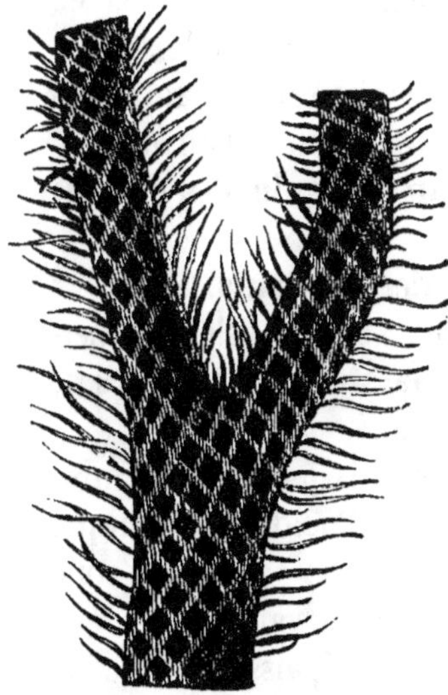
Lepidodendron elegans.

Mais tandis que les lycopodes actuels sont de petites plantes le plus souvent rampantes, et semblables à de grandes mousses atteignant à peine quelques décimètres de haut et couvertes de petites feuilles , les *lepidodendrons.* s'élevaient à vingt-cinq mètres , mesuraient près d'un mètre de diamètre à leur base et portaient des feuilles d'un mètre de long.

Cette végétation primitive, si vigoureuse, si puissante, se composait d'essences, aujourd'hui réduites à des proportions naines, mais représentant l'organisation la plus simple du règne végétal.

En effet, la classe qui constitue presque à elle seule la végétation du monde primitif est celle des *cryptogames*, premier degré de la végétation ligneuse et ne possédant point d'organes reproducteurs apparents, c'est-à-dire de fleurs.

Ces plantes si simples et peu variées, mais remarquables par la grandeur, la force et l'activité de leur croissance, constituaient seules, dans les premiers temps, la presque totalité du règne végétal et s'étendaient en immenses forêts sans analogues dans notre création moderne.

Un silence de mort devait y régner ; nul bruit, si ce n'est celui du vent qui entrechoquait ces roseaux et ces prêles gigantesques, ne devait animer leurs effrayantes solitudes ; pas un mammifère, pas un oiseau, pas un insecte, ne s'y frayait un passage ; pas un seul animal n'existait encore sur la terre.

Les eaux seules contenaient des habitants.

Les végétaux d'alors eussent été d'ailleurs peu propres à nourrir des animaux de structures diverses, pareils à ceux qui vivent maintenant.

Telle n'était pas d'ailleurs leur mission ; cette mission consistait à purifier l'air de l'acide carbonique qu'il contenait en excès, et à préparer ainsi les conditions nécessaires à une création plus variée.

Quand on considère le nombre et l'épaisseur des couches de la plupart des terrains de houille ; quand on examine les changements opérés dans les formes spécifiques des végétaux qui leur ont donné naissance, on se sent obligé de reconnaître que cette grande végétation primitive a dû couvrir de ses épaisses forêts toutes les parties du globe qui s'élevèrent au-dessus du niveau des mers, pendant une longue suite de siècles.

Outre les plantes que nous venons de citer, et qui comptent encore aujourd'hui des analogues d'une dimension moindre, on trouve dans la formation houillère plusieurs autres plantes que l'on ne peut rapporter à aucun type connu du règne végétal actuel.

Il y a çà et là, dispersés dans les grès et dans les schistes qui accompagnent la houille, et dans cette dernière également, des troncs colossaux de plusieurs espèces auxquelles **M.** Brongniart a donné le nom de *sigillaires*, parce que les stigmates de leur tronc ressemblent à des sceaux.

Ces troncs sont quelquefois plantés tout droit, comme on le voit dans certaines coupes verticales naturelles des couches, telles que les falaises des bords de la mer, les escarpements des carrières, ou les bords des rivières.

On en connaît un bel exemple sur la côte du Northumberland où se dressent plusieurs tiges de sigillaires de dix à vingt-cinq pieds de hauteur et de deux à trois pieds de diamètre.

Sigillaire.

Je vous ai dit que dans les *sigillaires*, le tronc portait des stigmates semblables à des sceaux.

La plupart des plantes projettent leurs feuilles de telle façon que, lorsqu'elles tombent, le tronc en conserve la trace.

Dans la plante fossile qui nous occupe, le tronc tout entier devait être couvert de feuilles serrées; car des stigmates laissés par les feuilles, et formant des losanges contigus les uns aux autres, comme une sorte d'échiquier, recouvrent de haut en bas leurs troncs.

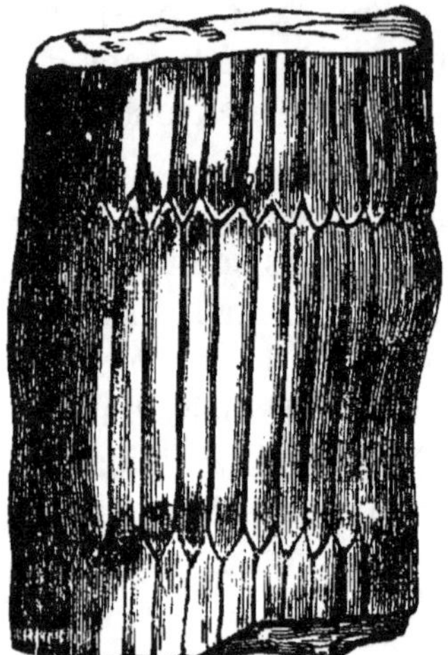

Sigillaire à longs écussons.

D'autres arbres de cette famille sont cuirassés du haut en bas de boucliers hexagonaux, qui tous conservent en même temps les traces des feuilles ; dans d'autres, ces sortes d'écussons sont trois fois plus longs que larges et ne montrent les attaches des feuilles qu'à l'angle supérieur.

Une autre famille de plantes fossiles aujourd'hui perdues est celle des *stigmaria*.

Le centre de la plante se compose d'un tronc ou tige en forme de dôme, d'un diamètre d'un mètre et plus ; la substance devait en être molle et charnue comme celle de certains cactus. La surface, légèrement ridée, est couverte de points circulaires.

Les bords de ce dôme donnent naissance à plusieurs branches horizontales dont quelques-unes se bifurquent plus ou moins.

Les branches, que l'on trouve toujours brisées assez près de leur point de départ, devaient mesurer huit à dix mètres de long. On voit à la surface un grand nombre de tubercules disposés en spirales, qui donnaient attache à des feuilles ; ces feuilles, de forme cylindrique et sans doute charnues, s'étendaient en rayonnant autour de la branche. Quelques-uns ont des empreintes d'un mètre de longueur.

Les traces laissées par les plantes que renferme la houille se retrouvent les mêmes sous toutes les latitudes.

On reste frappé d'étonnement quand on voit cette quantité prodigieuse de plantes primitives entassées pendant des siècles et transformées en lits de charbon dans lesquels gisent encore des troncs de vingt mètres de haut, debout avec leurs racines.

Ces végétaux monstrueux du monde fossile, arrachés du sol natal, par les tempêtes et les inondations d'un climat chaud et humide, se trouvèrent entraînés en quantités considérables dans les lacs et dans les golfes.

Là, après avoir flotté à la surface jusqu'à ce que, saturés par l'eau, ils tombassent au fond, ils y ont été enveloppés par les détritus des terres adjacentes ; et soumis, pendant leur long ensevelissement, à de puissantes actions chimiques, ils ont pris place parmi les minéraux.

L'expansion des feux internes a soulevé ensuite, du fond des eaux, ces lits pour les élever à la position qu'ils occupent maintenant sur les montagnes et les collines où l'industrie humaine peut aller les prendre, assistée par les arts et la science qui lui ont donné la machine à vapeur et la lampe de sûreté.

CHAPITRE SEIZIÈME

LES POLYPIERS. — LES TRILOBITES

Le docteur, après une courte interruption, reprit en ces termes :

— Je vous l'ai dit, plus l'air se trouve riche en acide carbonique, plus le développement des végétaux est rapide et puissant, mais plus aussi l'atmosphère offre de dangers aux animaux terrestres.

Ceux-ci exigent surtout de l'oxygène.

L'acide carbonique, au lieu de les nourrir comme il nourrit les plantes, les empoisonne.

Au contraire, mêlé à l'eau, il perd sa puissance délétère, et dès lors il n'est plus respiré mais consommé par l'estomac.

Aussi ne voyons-nous à cette époque, où l'air contenait une immense quantité d'acide carbonique, que des animaux marins, tels que des polypiers, des mollusques, des crustacés, puis des poissons.

Les polypiers figurent parmi les fossiles les plus abondants dans les couches des terrains carboniques.

Ces animaux très-singuliers, comparables à des vers, ont une bouche entourée de plusieurs bras ou tentacules.

Ils possèdent la faculté de sécréter le carbonate de chaux à l'aide duquel ils construisent leurs habitations, comme les escargots construisent leur coquille.

Supposons un de ces petits vers ou polypes placé seul sur un rocher au fond des mers. Bientôt cet être gélatineux, à peine de la grosseur d'un grain d'orge, se fixe en ce lieu par sa base, puis avec ses bras ou tentacules, il cherche sa proie en tâtonnant dans les eaux environnantes. A mesure qu'il se nourrit (et il mange continuellement), la portion inférieure de son corps s'endurcit, se solidifie par les molécules calcaires qui s'y accumulent, tandis que la partie supérieure s'allonge, bourgeonne et produit d'autres polypes, comme un arbre étend ses branches.

Le premier polype, ou la mère, se durcit, s'encroûte peu à peu, et devient alors le tronc pierreux sur lequel les générations accumulées de ses enfants travaillent et se multiplient, en montant, pour ainsi dire, sur les épaules les uns des autres.

De cette filiation non interrompue de travaux, de cette accumulation de matériaux résulte enfin un édifice qui atteint la surface des eaux; limite qu'il ne dépasse point, puisque les polypes ne peuvent vivre que dans l'eau.

Alors ils s'étendent en surface et finissent par couvrir des kilomètres entiers de leurs travaux gigantesques.

Ces corps pierreux ou polypiers affectent souvent la forme de petits arbres branchus; longtemps on les a crus des plantes marines. On prenait pour des fleurs les petits polypes, lorsqu'ils s'épanouissaient en étalant leurs bras au dehors comme les pétales d'une fleur.

Tels sont les coraux et certains madrépores dont on voit de nombreux échantillons dans les ports de mer ou chez les marchands de curiosités.

Corail vivant. — Son polype grossi.

D'autres polypiers ressemblent à des gâteaux d'abeilles, à des champignons, à des choux-fleurs; quelques-uns, finement travaillés, semblent composés de dentelles ; tous sont percés de trous étoilés, de tubes ou de cellules formant les habitations des polypes qui ont construit, en commun, le polypier. Par ces ouvertures, ils sortent leurs tentacules pour saisir dans l'eau les corpuscules dont ils se nourrissent.

La tendance des polypes à se multiplier au sein des

eaux des climats chauds est telle que le fond de toutes les mers tropicales fourmille de myriades de ces créatures travaillant sans cesse à la construction de leurs habitations. Il n'existe presque pas, sous ces latitudes, de roche sous-marine qui ne constitue le noyau et les fondements de quelque colonie de polypes.

Ces édifices calcaires s'accumulent en énormes bancs ou *récifs de corail* et s'étendent quelquefois jusqu'à plusieurs centaines de milles. Souvent ils s'élèvent rapidement jusqu'à la surface, sur des points où l'on n'avait point jusqu'alors soupçonné leur existence, et rendent ainsi la navigation très-dangereuse.

Bientôt sur la crête raboteuse des récifs calcaires s'amassent, se décomposent des herbes marines; des fucus et des varechs y forment un terreau fertile; des graines s'y arrêtent, amenées par les courants et les vagues; elles y germent, développent des plantes, et couvrent de verdure la jeune île nouvellement sortie du sein de la mer.

CHAPITRE DIX-SEPTIÈME

LES TERRAINS CARBONIFÈRES

Ce qui se passe aujourd'hui sous nos yeux, avait également lieu à l'époque reculée dont je vous entretiens.

On peut dire que les constructions des polypes existent depuis les âges les plus antiques.

— Pendant que mon ami va se reposer un peu, reprit le colonel, je vais vous décrire quelques-uns des êtres les plus répandus dans les terrains carbonifères.

La classe des crustacés est représentée dans la formation houillère par d'innombrables *trilobites*.

Comme l'indique leur nom (trois lobes), le corps de ces crutacés se divise en trois lobes et deux sillons parallèles. Lobe signifie une portion arrondie d'un organe quelconque.

Chez tous les animaux de cette classe, le lobe se compose, en outre, d'un certain nombre d'anneaux.

On a trouvé plusieurs trilobites avec les yeux parfaitement conservés.

De même que chez la plupart des crustacés, un nombre considérable de facettes, ou de petites lentilles, recouvrent ces yeux ; on en a pu compter sur un seul *quatre cents*.

Les trilobites vivaient sans doute aux dépens des nombreux coquillages qui habitaient avec eux les eaux. Voici le dessin de ces crustacés fossiles et de quelques-uns des types de coquilles les plus remarquables de leur période.

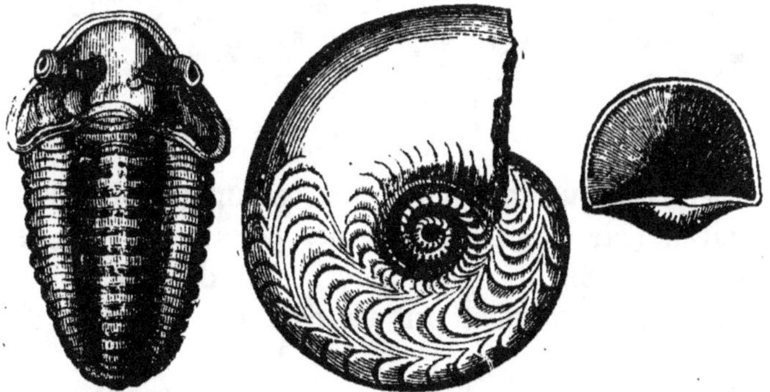

Trilobite. Goniatites hœninghausi. Leptœna transversalis.

A l'époque carbonifère, apparaissent encore les premiers poissons, c'est-à-dire des animaux à squelette cartilagineux, à larges écailles (*placoïdes*) recouvertes d'un émail résistant ; ils offrent de l'analogie avec les requins et les esturgeons de notre monde actuel.

D'autres espèces, de nos jours sans analogues, forment le passage entre les poissons et les reptiles, et participent de l'organisation des uns et des autres.

Parmi les êtres les plus singuliers de ce groupe, citons tout d'abord le *Megalichthys* (grand poisson) monstre, moitié poisson, moitié tortue. Sa tête ressemblait beaucoup à celle du brochet, et il portait sur le dos de larges plaques assez semblables à la carapace des tortues.

Il pouvait sortir de l'eau et ramper à terre, comme l'indiquent ses nageoires allongées à la manière des pattes de tortue.

Mégalichthys.

Rien ne prouve cependant que cet animal singulier respirait l'air en nature; car des poissons et d'autres animaux marins, bien que n'ayant que des branchies, peuvent vivre pendant un temps assez long hors de l'eau.

Telles sont les anguilles, que l'on rencontre souvent assez loin de leur élément, blotties sous quelque touffe d'herbe; les congres, qui peuvent attendre, cachés sous une roche, le retour de la marée; l'anabas ou poisson grimpeur de l'Inde, qui, au moyen de ses épines ventrales, se hisse le long du tronc des palmiers et se cache dans l'aisselle des feuilles; ce qui a donné lieu à cette croyance singulière répandue chez le peuple, que ces poissons tombent du ciel.

CHAPITRE DIX-HUITIÈME

LE TERRAIN PÉNÉEN

Les géologues donnent le nom de *pénéen* à un terrain (du grec *pénès*, pauvre), où l'on ne rencontre que peu de fossiles ; cependant dans ses couches gisent les premiers grands reptiles sauriens.

Ce terrain comprend le *grès rouge* proprement dit, le *calcaire magnésien*, les *grès vosgiens*.

Le *grès rouge* déposé sur les couches houillères consiste en une agglomération de détritus composée de toutes les roches antérieures.

On y trouve en certains endroits des blocs de porphyre de dimensions considérables.

Tout semble prouver qu'ils proviennent des dislocations provoquées par une cause puissante, comme le soulèvement de quelque chaîne de montagne.

Ils contiennent en Allemagne des schistes bitumineux inflammables, remarquables par des minerais de cuivre argentifère et plombifère, dont on fait une exploitation considérable.

Ces schistes renferment en abondance des débris de reptiles sauriens.

Le *grès vosgien*, qui constitue toute la partie septentrionale des Vosges, renferme des filons d'oxyde de fer, de la galène et du cuivre, mais presque jamais de corps organisés.

Lepidodendron du grès rouge.

Dans les couches du *grès rouge* restent encore des traces de la flore houillère : les *calamites*, les *fougères*, les *lepidodendrons*.

De plus elle est riche en *c..nifères* et en *palmiers*.

On y recueille parfois des troncs complétement transformés en silice, des blocs de bois fossile devenus de l'agate et de la chalcédoine. Rien de plus merveilleux que de voir toutes les fibres, toute la

Voltzia heterophylla.

texture de la plante conservant leurs formes, alors que la substance elle-même a complètement disparu.

De quelle façon ces végétaux ont-ils été amenés à cet état? La science, comme trop souvent, hélas! reste muette à cet égard.

Il existe, dans une vallée profonde de la terre de Van Diémen, une forêt d'arbres pétrifiés et transformés en opale.

Dans les schistes bitumineux on rencontre quelques coquilles qui ne figuraient pas parmi celles du terrain

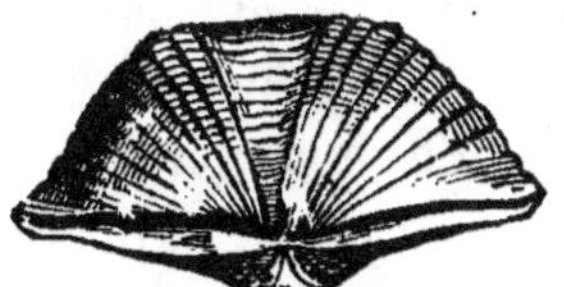

Productus calvus.

Spirifer undulatus.

houiller, quelques rares crustacés, et plusieurs poissons offrant, comme les précédents, de l'analogie avec les squales et les esturgeons d'aujourd'hui.

Néanmoins les plus remarquables débris fossiles de ces terrains sont ceux des premiers reptiles sauriens.

L'un, le *Monitor de la Thuringe*, était un grand lézard de trois à quatre pieds de longueur, à tête de crocodile, à mâchoires courtes et armées de dents fortes et aiguës.

L'autre, le *Protorosaurus de Spener*, diffère peu du précédent, quant aux formes générales.

Tous deux devaient vivre aux dépens des tortues et des poissons du rivage.

CHAPITRE DIX-NEUVIÈME

TERRAIN DES TRIAS

Le docteur et le colonel dessinèrent ensuite sur le mur, avec un morceau de charbon, cinq ou six figures d'animaux bizarres et de plantes étrangères.

Les soldats se levèrent pour regarder de plus près ces échantillons nouveaux des époques inconnues.

Le colonel et le docteur continuèrent leur besogne en silence, et quand ils l'eurent achevée le docteur reprit en ces termes :

Le terrain *des trias* prend son nom du mot *tri* (trois), parce qu'il se compose de trois couches parfaitement distinctes : les *grès bigarrés*, le *calcaire conchylien* et les *marnes irisées*.

1° Les *grès bigarrés* ou *nouveau grès rouge des Anglais*, sont des grès quartzeux, argilifères, qui doivent leur dénomination à leurs couleurs variées, le plus souvent bigarrées de taches rougeâtres, jaunâtres, grisâtres et bleuâtres.

Ils renferment quelques filons de cuivre et de fer, des végétaux fossiles, mais peu de débris d'animaux.

Parmi les végétaux de cet étage qui diffèrent de ceux

des terrains carbonifères, on remarque de nombreux conifères voisins des thuya et des araucaria, des cicas, des zamias, offrant un aspect différent de la flore précédente.

Zamia.

Les végétaux de la première période du terrain houiller consistent en plantes de la texture la plus élémentaire et qui ne possèdent ni fleurs ni fruits ; ce sont, en général, des plantes de marais.

La flore prouve que les terres deviennent plus étendues.

On y rencontre toujours des fougères, des roseaux,

des lycopodes gigantesques, mais ils sont d'espèces différentes.

Les *cicadées* s'y montrent déjà en grand nombre.

Voici la forme générale de ces plantes singulières, qui offrent de grands rapports d'organisation avec les palmiers.

Cicas revoluta.

Le *grès bigarré* contient des coquilles nouvelles, des crustacés et un petit nombre de débris de poissons.

Dans le grès bigarré des Etats-Unis l'on a découvert de singulières empreintes de pieds d'oiseaux et de batraciens gigantesques.

Parmi les premières, très-profondes, il en est qui atteignent vingt pouces de longueur (cinquante centimètres), et ces empreintes s'espacent de sept à huit pieds.

De telles dimensions indiquent un oiseau de proportions gigantesques.

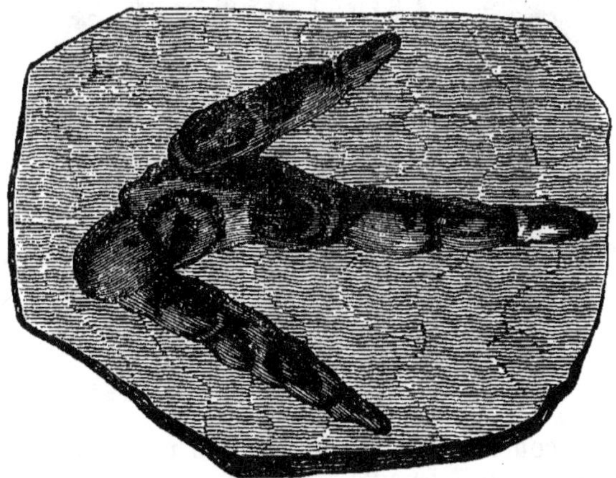

Empreinte de pied d'oiseau.

Si les proportions du corps de cet oiseau fossile ressemblent à celles des gallinacés, il devait mesurer de treize à quatorze pieds (4 m. 50 à 4 m. 70 c.), c'est-à-dire atteindre deux fois la grandeur de l'autruche.

Sur plusieurs points du grès bigarré de l'Allemagne, existent des empreintes non moins singulières que celles d'Amérique.

De toutes dimensions, entremêlées, ces empreintes ont la forme de mains; de plus, on voit presque toujours une petite main devant une grande main, et le

moulage de cette dernière s'enfonce beaucoup plus profondément.

Empreintes de pieds de Labyrinthodon.

On a conclu de là que l'animal à qui l'on devait ces
empreintes, possédait des membres postérieurs beaucoup plus développés que les membres antérieurs, et
qu'il marchait en portant tout le poids de son corps sur
son train de derrière, à la manière des kanguroos.

En effet, on a cru d'abord qu'elles appartenaient à
un kanguroo. Plus tard on a réfléchi que les kanguroos
ne marchent pas à quatre pattes, qu'ils ne font que
sauter sur leurs pieds de derrière en s'aidant de leur
queue, et que celle-ci aurait également laissé une empreinte.

Successivement on attribua ces empreintes à une
salamandre et à une tortue.

Enfin Owen, célèbre paléontologiste anglais, déclara qu'elles n'étaient pas celles d'un batracien gigantesque, mais bien d'un crapaud colossal.

Quelques ossements de l'animal retrouvés depuis, ont pleinement justifié les prévisions d'Owen.

On possède aujourd'hui les membres, la tête et la mâchoire de cet animal auquel Owen a donné le nom de *Labyrinthodon*, à cause de la conformation de ses dents.

Ces débris indiquent un être non—seulement colossal, mais encore redoutable; car ses griffes et ses dents sont celles d'un carnassier.

Labyrinthodon.

Le labyrinthodon atteignait la taille d'un bœuf, et s'il possédait la même voracité que nos batraciens, il devait répandre la terreur autour de lui.

Un crapaud avale facilement les plus grosses limaces; le labyrinthodon, par conséquent, avalait avec la même facilité un animal de la grosseur d'un mouton.

Parmi les poissons fossiles que l'on trouve dans le

grès bigarré figure encore une singulière espèce très-abondante, surtout en Ecosse ; c'est un *dactyloptère* (doigts-ailes).

Son corps se trouve renfermé dans une véritable carapace de tortue ; sa queue garnie d'écailles est longue et pointue, et ses nageoires s'insèrent comme des ailes à la partie antérieure du corps, là où les autres animaux ont les épaules.

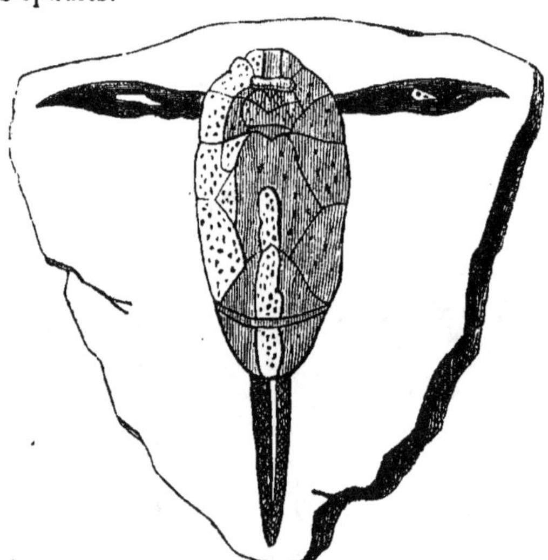

Dactyloptère.

Ces nageoires très-articulées et très-mobiles portent des rayons semblables à des plumes. L'on croirait voir un poisson volant. Sur le devant de la tête au-dessus des yeux se dressent de petites cornes.

2° Le *calcaire coquillier*, ou *Muschelkalk* des Allemands, consiste en un calcaire gris noirâtre ou bleuâtre, très-riche en débris fossiles et surtout en coquilles, dont quelques-unes d'une grande beauté; il doit son nom de *coquillier* à l'abondance de ces dernières.

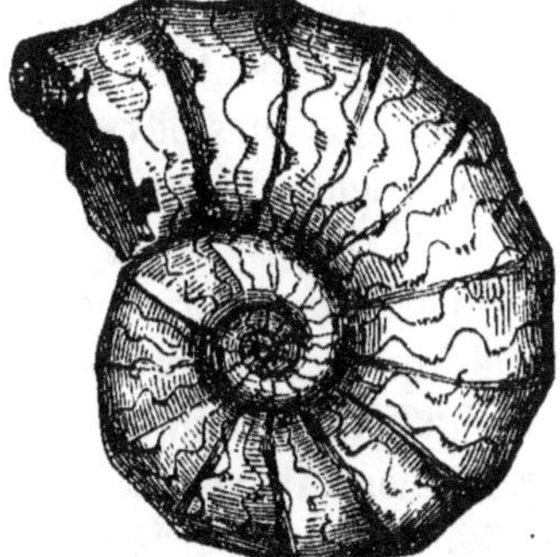

Ceratites nodosus.

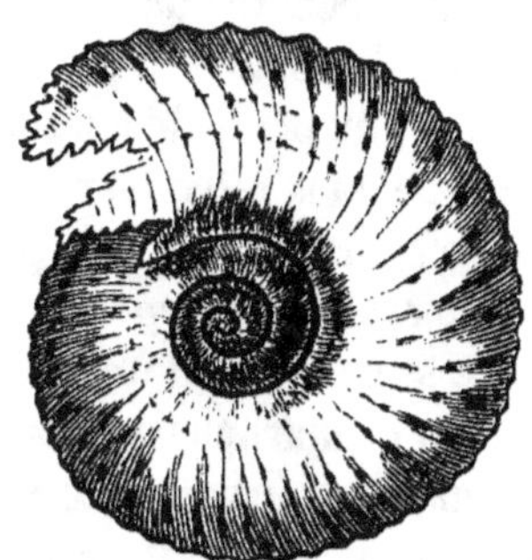

Ammitesaon.on

Il contient encore des polypiers et souvent un singulier animal qui ressemble à une plante.

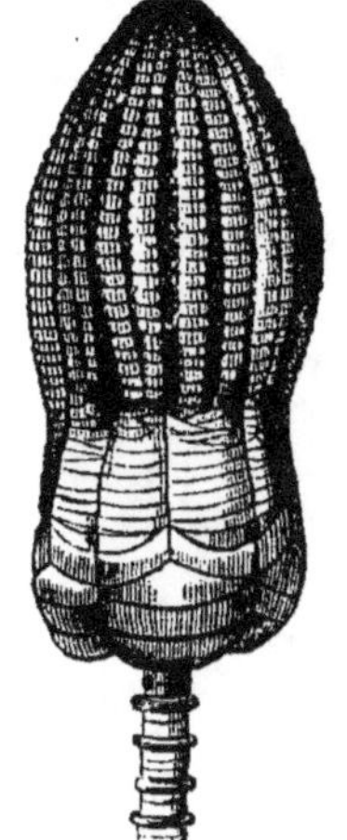

C'est l'*Encrine*, ou lis marin, qui appartient à la famille des radiaires ou rayonnés.

Une tige, formée de disques plats de calcaire, assez semblable à la colonne vertébrale des animaux supérieurs, fixait l'animal au fond rocheux de la mer. Cette tige, très-flexible, portait à son extrémité le corps de l'animal, qui, balancé comme une fleur, attirait à lui et saisissait sa proie au moyen des bras ou tentacules rangés tout autour de sa bouche.

On trouve rarement ces animaux entiers; car leur tige, très-fragile, laisse échapper tous les petits disques dont elle est mée ; disques que l'on a pris pendant longtemps pour des vertèbres de poisson.

On rencontre dans les mêmes couches de calcaire des débris de tortues dont quelques-unes devaient avoir de neuf à dix pieds de longueur, et des squelettes de reptiles que nous retrouverons en plus grand nombre dans le terrain suivant.

Le *troisième étage du trias*, ou celui *des marnes irisées*, se compose d'une multitude de petites couches argileuses et marneuses, colorées irrégulièrement en rouge, jaune, bleu ou vert, alternant généralement avec des calcaires quartzeux diversement colorés ; il y existe aussi de nombreux dépôts de sel gemme.

CHAPITRE VINGTIÈME

LE TERRAIN JURASSIQUE

Le *terrain jurassique* est une des plus puissantes formations qui constituent l'écorce du globe.

Les montagnes du Jura en sont entièrement formées; de là le nom générique et comparatif qu'on donne à tous les terrains semblables.

On y distingue deux étages différents :

L'étage du *lias*, nom anglais du calcaire marneux qui domine dans cette formation.

Et l'étage de l'*oolithique* (en forme d'œufs), ainsi nommé de la texture globulaire que présentent souvent ses calcaires.

La différence de nature qui existe entre les roches du terrain jurassique et les roches du terrain oolithique, démontre qu'il s'est passé de grands changements à la surface de la terre entre ces deux époques, et que les eaux ont changé plusieurs fois de lit, en laissant tour à tour à découvert des parties, jusque-là submergées et en inondant des portions qu'elle n'avait jamais envahies.

Le *lias*, qui constitue la base du terrain jurassique, se compose de roches *calcaires argileuses* et *quartzeuses*,

12*

en couches assez minces, de couleur blanchâtre ou jau-
nâtre, nommées *grès de lias* et constituant une bonne
pierre à bâtir.

On y trouve des *rognons de protoxyde de fer*, du *sul-
fate de plomb* et de *baryte*, et de *l'oxyde vert de chrôme*.

En général, le lias, très-riche en fossiles, contient
de nombreuses espèces de coquilles, dont quelques-
unes sont très-remarquables, entre autres des ammo-

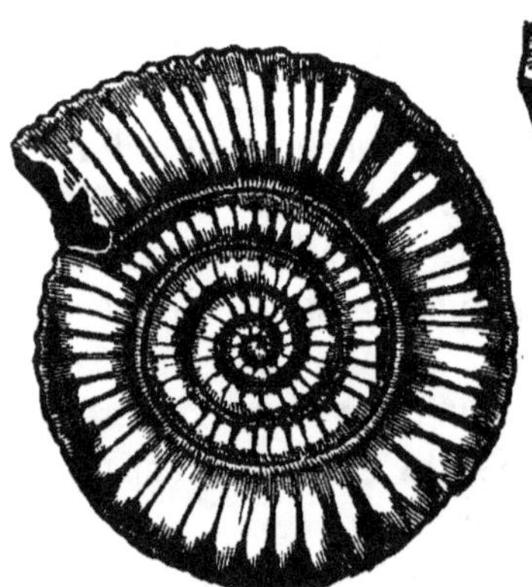

Ammonites communis.

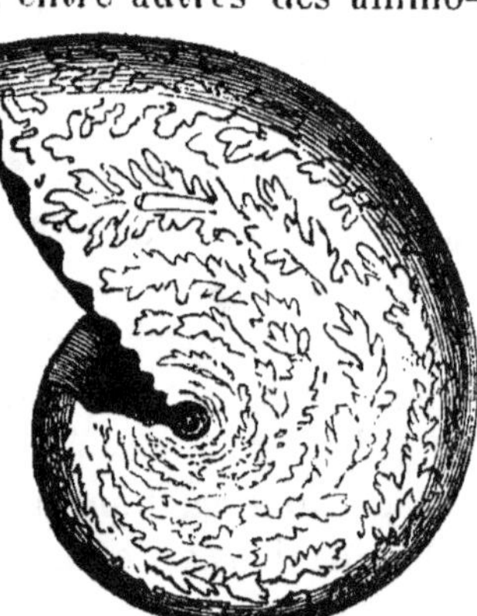

Ammonites heterophyllus.

nites qui mesurent jusqu'à un mètre de diamètre; des

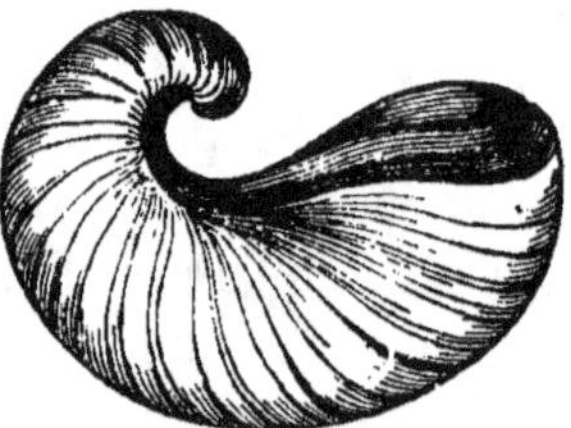

Gryphée arquée.

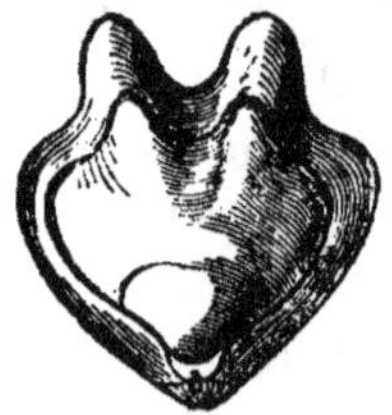

Térébratule quadrifide.

gryphées en forme de lampe antique, des térébratules
uleuses, des polypiers et des poissons.

Toutefois, les fossiles les plus remarquables du lias consistent en *reptiles*.

Ces reptiles se caractérisent par des combinaisons de structure auxquelles on ne voudrait point croire, si leurs squelettes presque entiers n'en attestaient la réalité.

Je vais faire passer ces êtres fantastiques successivement sous vos yeux.

En achevant ces mots, le docteur montra du doigt les animaux qu'il décrivait.

Voici d'abord l'*ichthyosaure* ou *poisson-lézard*.

Ichthyosaure.

Reptile de vingt-cinq à trente pieds de longueur, à queue médiocre, à long museau pointu, aux mâchoires armées de dents aiguës, aux yeux d'une grosseur énorme, et, par conséquent, nocturne, l'ichthyosaure avait, vous pouvez le constater, un aspect vraiment étrange.

Il respirait en plein air et non dans l'eau comme les poissons; donc, bien que la conformation de ses pattes en forme de nageoires indique qu'il ne sortait guère de l'eau, il n'en devait pas moins revenir souvent respirer à la surface.

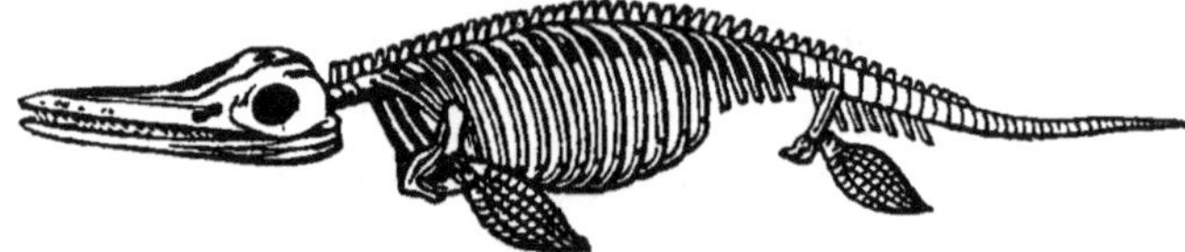

Squelette d'Ichthyosaure.

Cet animal singulier fait, par ses mâchoires et ses pattes de dauphin, le passage des reptiles aux cétacées, tandis que, par ses vertèbres, il tient aux poissons.

Regardez maintenant le *plésiosaure* (nom qui veut dire *voisin des lézards*).

Comme l'ichthyosaure, il n'a pour tout moyen de progression que des nageoires dont il ne pouvait se

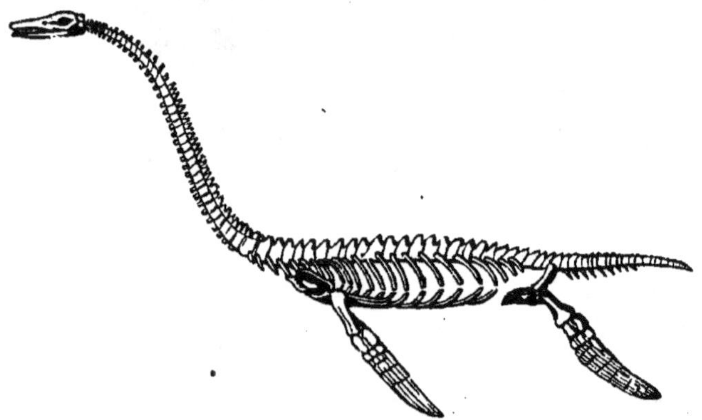

Squelette de Plésiosaure.

servir à terre; mais il diffère de ce dernier par son

long cou de serpent que termine une tête de lézard et
qui s'emmanche dans un tronc de quadrupède.

La tête de l'ichthyosaure forme à elle seule à peu
près le tiers de la taille de ce monstre; la tête du plésiosaure présente, au contraire, une extrême petitesse.

Plésiosaure.

Ses pattes, qu'enveloppe une épaisse membrane écailleuse, ressemblent à celles d'une tortue de mer; une
queue courte et grosse comme la queue du crocodile lui
servait de gouvernail.

On possède les débris de plusieurs espèces de piésio-
saures; elles diffèrent entre elles surtout par la taille;
celui dont je viens de vous donner la description avait
au moins dix mètres de longueur.

Le *pliosaure*, qui vivait à la même époque, offrait
beaucoup d'analogie avec le plésiosaure; mais sa tête

était énormément plus grande et son cou beaucoup plus court. Sa gueule, longue d'un mètre et demi et armée de dents énormes, coniques et pointues, s'ouvrait jusque sous les yeux. Son corps dépassait de beaucoup la grosseur du corps d'un cheval et atteignait sept à huit mètres de longueur.

Dans ce lias si fertile en reptiles gigantesques, on retrouve encore :

Le *suchosaure à dents tranchantes*, monstrueux crocodile à mâchoires courtes, mais robustes et garnies de dents tranchantes et pointues ;

Et le *sténéosaure à longues mâchoires*, espèce de gavial ou crocodile dont les mâchoires, très-étroites, sont longues de six pieds.

Que penseriez-vous d'un animal qui, avec le corps d'un reptile, aurait une tête d'oiseau à long bec, des dents et des membres de mammifère et des ailes de chauve-souris ? Ne semble-t-il pas que cet assemblage discordant doive produire un animal impossible ? quelque chose de comparable à ces dragons ailés que l'on voit peints sur les vases chinois ou scuplftés sur les églises du moyen âge ?

Eh bien ! cet animal a cependant existé ; et son squelette, que l'on retrouve entier dans le *lias* et l'étage *oolithique*, ne laisse aucun doute à cet égard.

Découvert pour la première fois vers la fin du siècle dernier, dans la vallée de l'Altmühl, près de Salenhofen, en Bavière, ce squelette donna lieu à de longues discussions : suivant les uns, c'était un oiseau ; c'était un mammifère de la famille des chauves-souris, suivant les autres ; un troisième, enfin, le considéra comme un reptile volant, et cette dernière opinion, celle du savant Cuvier, prévaut dans le monde savant.

Cuvier donne le nom de *ptérodactyle* à cet animal à long cou et à corps très-court. Le *ptérodactyle* portait des ailes dont la charpente, formée par les doigts externes rappelaient celles des chauves-souris. *ptérodactyle* signifie *aile-doigt*.

La forme de ses membres et celle de sa queue le rapprochaient des mammifères; sa tête, présentait un crâne d'une petitesse qu'on ne remarque que chez les reptiles, et se prolongeait en avant pour former un long bec d'oiseau garni de soixante dents pointues.

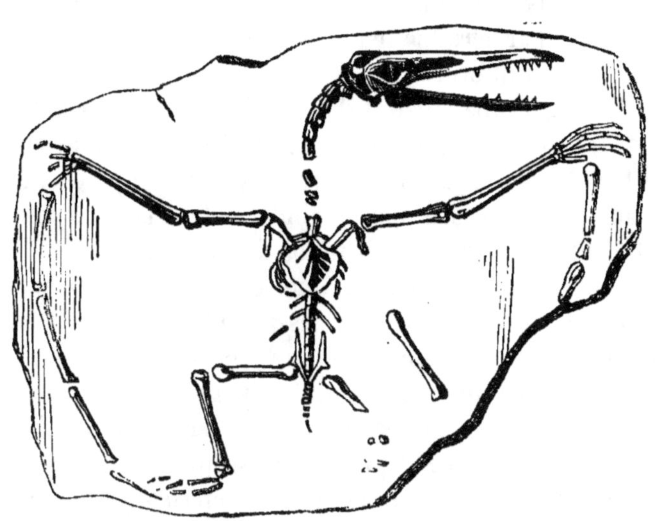

Squelette du Ptérodactyle à museau long.

« Voilà, dit Cuvier, un animal qui, dans son ostéologie, depuis les dents jusqu'au bout des ongles, offre tous les caractères des reptiles sauriens ; on ne peut donc pas douter qu'il n'en ait eu aussi les caractères dans ses téguments et dans ses parties molles ; qu'il n'en ait eu les écailles et l'organisation. Mais c'était, en même temps, un animal pourvu des moyens de voler, qui, dans la station, devait faire peu d'usage de ses extrémités antérieures, si même il ne les tenait toujours reployées, comme les oiseaux tiennent leurs ailes ; qui, cependant, pouvait encore se servir des plus courts de ses doigts de devant ponr se suspendre aux branches des arbres ; sa position de repos devait être sur les pieds de derrière, comme celle des oiseaux ; alors il devait aussi, comme eux, tenir son cou redressé et courbé en arrière, pour que son énorme tête ne rompît pas tout équilibre. »

Ce qui frappe surtout dans la description du *ptérodactyle*, c'est l'assemblage bizarre d'ailes vigoureuses attachées à un corps de reptile. Elles rappellent à l'imagination ces dragons fabuleux dont la destruction était un des attributs des héros de l'antiquité.

Tout prouve néanmoins que les *ptérodactyles* et les animaux des genres semblables qui ont pu exister étaient, depuis longtemps disparus de la surface de la terre à l'époque où l'homme y naquit ; on ne retrouve aucune trace de leurs débris à partir du terrain crétacé inférieur qui recouvre le terrain jurassique.

On connaît plusieurs espèces de *ptérodactyles ;* celle dont je viens de vous parler parait de la force d'une grosse oie, et ses ailes mesurent environ deux mètres d'envergure ; son bec était très-fort et très-long.

Une autre espèce, de la grosseur d'une bécasse, avait un bec court comme celui d'un canard, mais également ment armé de dents.

Ptérodactyle à museau court.

Aujourd'hui, un seul reptile se trouve pourvu d'ailes ; les naturalistes, pour cette raison, le désignent sous le nom de *dragon*.

Le *dragon* ne peut, du reste, se comparer aux *ptérodactyles* de l'ancien monde. Frêle lézard, ses côtes s'étendent en ligne droite et soutiennent des prolongements de la peau, incapables de servir au vol, mais propres à soutenir l'animal, à la manière d'un para-

chute, lorsqu'il saute d'un arbre à l'autre en poursui-
vant les insectes dont il fait sa nourriture. Il vit dans
les îles de l'Océan indien.

Dragon volant.

L'*étage oolithique* qui recouvre l'étage du lias,
comme je vous l'ai dit, se caractérise par la texture
globulaire que présentent souvent ses calcaires.

Dans ses couches inférieures, il se compose de calcaires jaunâtres ou rougeâtres chargés d'hydrate de
fer.

Ces calcaires renferment un grand nombre d'*encrines ;* ils alternent avec des argiles et des marnes
bleuâtres ou jaunâtres, connues sous le nom de *terre à
foulon*, parce qu'elles servent dans les manufactures à
dégraisser les étoffes de laine.

Les *couches moyennes* renferment de puissants dépôts d'*argile bleue* ou *argile d'Oxford*, et de *calcaire à*

coraux, remarquable par l'abondance des polypiers qui y forment des bancs de douze à quinze pieds d'épaisseur.

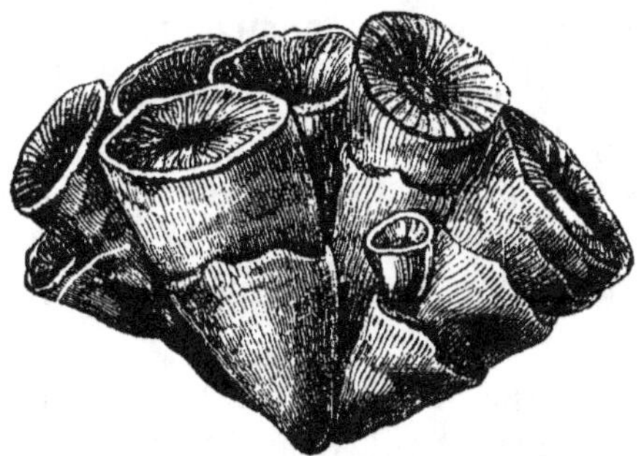

Cyatophillum turbinatum.

Une des espèces les plus remarquables est le *cyathophillum turbinatum*, dont vous voyez ici le dessin.

Les couches supérieures d'*oolithe* se forment d'*argile bleue*, alternent avec des *marnes coquillières* et des *marnes bitumineuses inflammables*, et se couronnent de *calcaires marneux ou sableux*.

L'*étage oolithique* renferme une grande quantité de débris fossiles qui apparaissent pour la première fois.

En outre des *ammonites*, des *oursins*, des *polypiers*, des *encrines*;

On y trouve encore des *plésiosaures*, des *ptérodactyles*, des *mégalosaures* et des *téléosaures*.

Le *megalosaurus* ou grand lézard était un gigantesque crocodile dont le large corps atteignait quinze à dix-huit mètres de longueur.

La forme tranchante des dents du mégalosaure annonce un animal extrêmement vorace; le terrain dans lequel gisent ses ossements, ainsi que tout ce qui les entoure, démontrent que c'était un animal marin d'une très-puissante organisation, et capable de résister aux tempêtes; fait d'autant plus remarquable que toutes les espèces analogues que l'on connaît de nos jours, les crocodiles, les gavials, les caïmans, n'habitent jamais dans la mer, ne vivent que dans l'eau douce, et ne sauraient même s'éloigner beaucoup du rivage; car, obligés de venir respirer à la surface de l'eau, la moindre tempête qui agiterait les flots les ferait périr en les en empêchant.

Il fallait donc que le mégalosaure possédât une force suffisante pour combattre les vagues ou une organisation particulière qui lui permît de ne respirer l'air qu'à de très-longs intervalles.

Le *téléosaure* (lézard complet), autre espèce de crocodile, avait six mètres de longueur. Sa tête offre beaucoup plus de rapports avec celle des mammifères qu'avec celle des sauriens; on dirait un crocodile à tête de loup. Les griffes tranchantes qui arment les doigts de ses pieds prouvent qu'il vivait plus sur le sol que dans l'eau.

Comme vous le voyez, les formes animales deviennent de plus en plus abondantes à mesure que l'on s'avance des couches les plus anciennes vers les dépôts plus récents.

La nature marche du simple au composé dans la grande œuvre de la création; elle procède par nuances, souvent imperceptibles pour nos yeux imparfaits; mais chaque anneau de l'immense chaîne des êtres démontre l'unité de la cause primitive, et la sagesse du plan originel.

Les fossiles vertébrés offrent un exemple remarquable de cette marche progressive de la nature. Vous avez vu d'abord des *poissons-tortues*, (*megalichthys*), des *poissons-lézards*, des *lézards-serpents* (*plésiosaures*), puis des *lézards-cétacés* (*ichthyosaures*), et bientôt nous verrons apparaître les cétacés qui conduisent aux mammifères.

A côté des mégalosaures, des téléosaures, des ichthyosaures, des plésiosaures et des autres sauriens carnassiers, on trouve le *mastodonsaure* (*lézard à dents mamelonées*), beaucoup moins féroce que ses contemporains, à en juger par ses mâchelières assez semblables à celles des ruminants; sans doute, à défaut de proie vivante, il se nourrissait de fruits, de racines ou d'herbes.

Malgré sa grande taille, ce reptile, beaucoup plus voisin des salamandres que des crocodiles, et dépourvu de moyens de défense, devait servir de proie aux espèces carnassières que je vous ai nommées précédemment.

Aussi sa race, promptement détruite, disparaît-elle complétement dans le terrain suivant.

CHAPITRE VINGT ET UNIÈME

TERRAIN CRÉTACÉ

Au-dessus du *terrain jurassique*, c'est-à-dire du *lias* et de l'*oolithe*, s'étend le *terrain crayeux* ou *crétacé ;* formation qui doit son nom au calcaire blanc, tendre et traçant, qu'on appelle *craie* et qui en occupe la partie supérieure.

On divise le terrain crétacé en trois étages distincts :

L'*étage inférieur* consiste en grès ferrugineux, sables et débris coquilliers déposés, tantôt par la mer, tantôt par les eaux douces, tour à tour envahissant et abandonnant les terres, par suite des dislocations et des soulèvements qui ont enfanté les Cévennes, la Côte-d'Or et l'Erzcbirge.

Le *second étage* consiste en *grès verts,* composés de sables quartzeux plus ou moins chargés de silicate de fer qui leur communique la teinte verdâtre à laquelle ils doivent leur nom ; les grès verts alternent avec des argiles et des marnes d'un bleu grisâtre.

L'*étage supérieur* consiste en grande partie en une *craie* blanche composée presque entièrement de carbonate de chaux.

Elle est souvent mélangée d'une quantité plus ou

moins considérable de sable dont on la débarrasse par le lavage pour en fabriquer le blanc d'Espagne.

Dans ses couches supérieures, la craie renferme de nombreux rognons de silex qui fournissent la pierre à briquets et à fusils ; mais dans sa partie inférieure, elle prend alors graduellement une certaine dureté et, marneuse, devient de la pierre à bâtir.

L'*étage crayeux*, très-répandu dans le nord de la France et en Angleterre, donne naissance dans ces deux contrées aux hautes falaises blanches qui valent au dernier de ces pays le surnom d'*Albion*.

On suppose que les couches qui les composent appartiennent à une seule et même formation ; et que, nécessairement, elles se sont déposées avant l'existence du détroit qui sépare aujourd'hui les deux contrées.

En effet, les couches de chaque côté semblent parfaitement identiques ; elles renferment les mêmes débris fossiles, et doivent leur origine à une seule et même mer qui couvrait le bassin de Paris et celui de Londres.

Dans le terrain crétacé, la végétation change de nature.

Les forêts de conifères et de cicadées des périodes précédentes disparaissent ; il n'en subsiste plus que de rares représentants.

La végétation rétrograde par suite de l'envahissement des eaux, et le plus grand nombre des fossiles végétaux de cette époque consiste en plantes aquatiques, en conferves, en naïades, en algues, d'espèces différentes pour la plupart de celles qui les précèdent.

Si les végétaux et les plantes marines dominent dans

la période crétacée, les animaux marins dominent en grande partie dans les couches sédimentaires.

Ce sont des *mollusques*, des *crustacés*, des *radiaires;* puis des poissons voisins des *brochets*, des *saumons*, des *chœtadons*, des *zées*, des *balistes*, et beaucoup d'autres sans analogues dans le monde actuel, tel que l'*aspydorhinchus;* enfin, d'énormes *requins*, des *cro-*

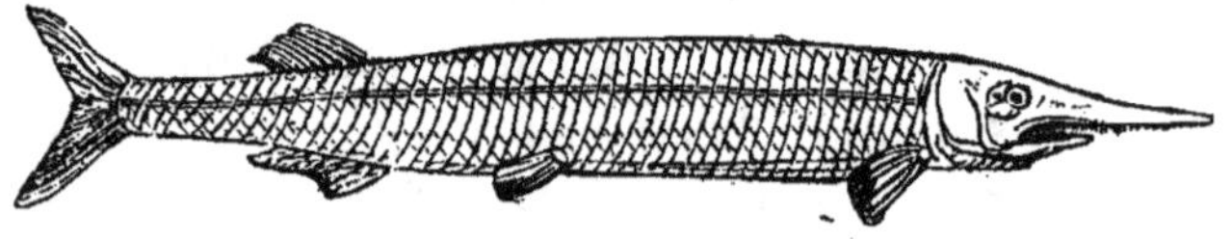

Aspydorhinchus.

codiles, des *monitors*, pour la plupart inconnus dans les terrains précédents.

Parmi ces derniers figure le *mosasaurus* (saurien de la Meuse) ou grand *crocodile de Maëstrich.*

Crocodile de Maëstrich.

Il mesurait dix mètres de longueur, et n'était positivement ni un crocodile, ni un lézard, mais il tenait le milieu entre les deux. Les mâchoires de sa tête, longue de quatre pieds, s'ouvraient jusqu'au-delà des yeux.

Les doigts de ses pieds, palmés comme ceux d'un

canard, lui donnaient une grande facilité pour nager ; et sa queue puissante, longue de trois mètres et aplatie sur les côtés, lui servait à ramer vigoureusement, à la façon des tritons de nos étangs.

Habile nageur, il devait ramper lourdement sur la terre, où il ne venait sans doute que pour dormir et pondre ses œufs.

L'*iguanodon* (à dents d'iguane) ne le cédait en rien pour la taille au mosasaurus ; car il avait vingt mètres de longueur, et son corps, cinq mètres de circonférence.

Quatre jambes monstrueuses, plus grosses que celles du plus gros éléphant, supportaient ce corps massif.

Enveloppé d'une cuirasse d'écailles impénétrable et doué d'une force prodigieuse, il aurait été le plus terrible animal de la création si la nature en eût fait un carnivore ; mais ses dents démontrent qu'il ne se nourrissait que de végétaux. Garnies d'un solide émail et tranchantes à l'extrémité, ces dents devaient couper et diviser facilement les plantes les plus dures.

Il habitait les marais et les grands lacs d'eau douce.

Il existe aujourd'hui, dans les contrées chaudes de l'Amérique, des iguanes qui représentent en petit l'*iguanodon* des temps passés.

L'*iguane d'Amérique* est long d'un mètre ; il se distingue des lézards par sa queue comprimée sur les côtés, par un large fanon qui garnit le dessous de sa gorge et par la crête écailleuse qui règne le long de son dos.

Cette espèce vit sur les arbres, de fruits, de graines et de feuilles.

Une espèce, propre au Mexique, porte sur le museau

une corne osseuse, qui existait également chez l'*igua-nodon*.

Iguane cornu du Mexique.

On observe fréquemment dans les couches du grès vert, comme dans celles du grès rouge, des empreintes nombreuses de pieds de reptiles, et surtout de tortues, dont quelques-unes atteignaient des proportions considérables, ainsi que le prouvent d'ailleurs les carapaces de huit et dix pieds trouvées dans le grès crétacé.

« Que l'historien ou l'antiquaire, dit Buckland, aillent visiter les champs où se sont livrées les batailles des temps anciens ou des temps modernes; qu'ils suivent pas à pas la marche de ces victorieux conquérants dont les armées ont broyé les plus puissants royaumes; le vent et la tempête ont effacé le sillon éphémère qu'y avait creusé leur passage, et les pieds de tant de millions d'hommes et de bêtes qui ont parcouru le monde en tous sens pour y semer la ruine et la désolation, n'ont pu peser assez sur sa surface pour y laisser après eux une seule de leurs empreintes.

» Mais ces reptiles, qui se sont traînés sur la croûte

encore ébauchée de notre planète, aux âges de son en-
fance, y ont imprimé d'ineffaçables souvenirs de leur
passage. Aucune histoire ne rappelle leur création, ni
comment ils ont été enveloppés dans une destruction
complète, et l'on retrouve à peine quelques débris fossiles de leurs os. Des millions d'années séparent de
nous l'époque où ces traces ont été laissées par le pied
des tortues sur les sables de leur pays natal ; et le jour
où, de nouveau rendues à la lumière, elles viennent
s'offrir à notre curiosité et à notre admiration, elles
nous apparaissent gravées sur le roc, comme sur une
neige récente les pas d'un animal qui vient d'y passer ;
elles sont là comme une moquerie jetée aux potentats les
plus puissants de la terre, et comme une voix pour
nous redire combien sont peu de chose des milliers de
siècles en présence de l'éternité. »

Ceux d'entre nous qui parcourent les plages de
la mer, trouvent fréquemment sous leurs pas un os,
ou plutôt une plaque calcaire, large et plate, en forme
de feuille, formée par la réunion d'une multitude de
petites lames minces d'une surprenante délicatesse.

Cette plaque, nommée vulgairement *os de seiche*, se
place dans la cage des petits oiseaux granivores et leur
fournit les corps durs qu'ils recherchent à l'état libre
pour affiler leur bec.

Elle joue le rôle de charpente osseuse dans le corps
de la *seiche*, mollusque très-singulier et fort répandu
sur nos côtes.

Le corps de la seiche s'enveloppe d'une espèce de
sac membraneux par l'ouverture duquel sort une grosse
tête munie de deux grands yeux rouges et couronnée

de dix bras ou tentacules flexibles comme les lanières d'un fouet.

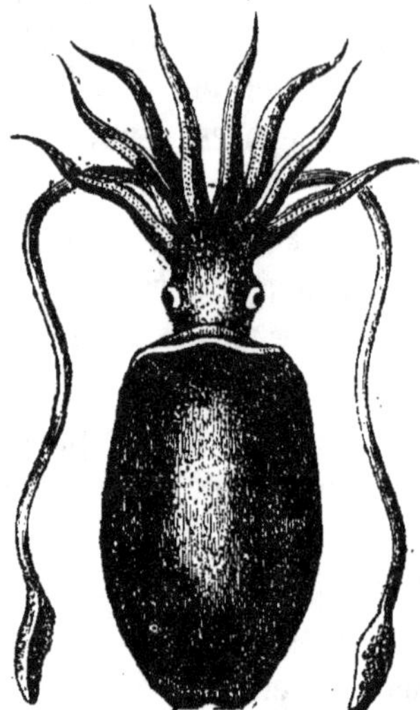

Seiche.

Au milieu de ces bras s'ouvre une bouche armée de deux fortes mâchoires, d'une corne dure et tranchante qui rappellent le bec de perroquet.

A l'aide de ses dix bras garnis de ventouses, la seiche saisit et enlace sa proie, la porte à sa bouche et la déchire de son bec acéré.

Le corps de la seiche renferme encore un autre objet digne de remarque : c'est une vessie remplie d'encre que l'animal tient en réserve pour sa défense ; menacé par quelque ennemi plus puissant que lui, il lance un jet de ce liquide et répand ainsi dans les eaux un nuage noir, à la faveur duquel il s'esquive, laissant son adversaire se débattre dans l'épais brouillard qui l'environne. Cette liqueur desséchée fournit une couleur brune employée en peinture sous le nom de *sépia*.

Eh bien ! dans les couches du terrain crétacé on retrouve non-seulement les débris de l'os dorsal de la seiche, mais même le sac à encre, renfermant encore la matière colorante desséchée ; il en existe même de nombreux échantillons.

La conservation de cette encre à l'état fossile, ensevelie depuis des siècles sans nombre au sein de la terre, est un fait surprenant; mais qui trouve cependant son explication dans la nature indestructible du carbone, élément principal de cette encre fossile.

Elle conserve même à tel point son caractère et ses propriétés, qu'en la broyant, on s'en sert pour exécuter des dessins au lavis, et qu'un peintre, sous les yeux duquel on les placerait, les déclarerait faits avec avec une excellente sépia.

Quant aux lames dorsales calcaires, on les retrouve parfaitement conservées; seulement leurs dimensions indiquent qu'elles appartenaient à des espèces beaucoup plus grandes que les seiches qui existent de nos jours.

Si les proportions gigantesques de certains animaux de l'ancien monde sont faites pour nous étonner, nous trouverons un sujet d'étonnement non moins grand dans la petitesse et la multiplicité d'autres êtres qui ont vécu à la même époque, et dont on recueille les dépouilles au centre des couches supérieures du terrain crétacé.

Les polypes produisent par leurs constructions des îles et des montagnes d'une étendue considérable.

Il existait des animaux plus petits encore qui forment, par l'accumulation de leurs carapaces et de leurs coquilles, des terrains de plusieurs centaines de lieues carrées.

Délayez dans une goutte d'huile un peu de craie marine, étendez-la sur le porte-objet d'un microscope, et vous apercevrez, à l'aide d'un grossissement un peu fort,—de deux cents fois par exemple,—des quantités de petites coquilles de formes très-élégantes et très-variées.

Ces coquilles appartiennt à des animaux, qui vivaient par myriades dans les eaux des mers de cette époque reculée, et dont, encore aujourd'hui, à l'aide de la sonde, on tire, du fond de la mer, les analogues vivants.

Je le répète, les couches supérieures du terrain crétacé paraissent presque exclusivement formées de ces coquilles et de leurs débris.

Leurs *tests* ou enveloppes solides sont tellement petits, qu'un centimètre cube en contient plus d'un million.

On fabrique, avec de la craie broyée, fixée sur du

Craie vue au microscope (diatomées).

papier à l'aide d'un cylindre d'acier, des cartes de visite dites *porcelaine*. La surface de ces cartes, vue au microscope, semble une mosaïque de coquillages : car telle est la solidité de ces tests invisibles à l'œil nu, que la puissante action des cylindres ne les écrase pas.

L'imagination n'est-elle point frappée lorsqu'on songe que ces mêmes coquilles, ces mêmes carapaces, dont il faut plus d'un million pour remplir un centimètre cube, forment des terrains tels, que la couche de craie blanche qui s'étend depuis la Champagne jusqu'en Angleterre, à une épaisseur de deux cents mètres ?

Ces petits êtres sont aussi nombreux, aussi féconds aujourd'hui qu'alors ; ils jouent encore un rôle important dans la constitution du globe, changent la profondeur des eaux de la mer, obstruent les détroits, comblent les ports, et construisent, ainsi que les madrépores, des îles que le navigateur surpris voit surgir du sein des régions chaudes du grand Océan.

Non-seulement ces dépouilles d'animaux microscopiques existent dans la craie, mais elles composent un grand nombre de roches.

Les *calcaires*, la *pierre à bâtir*, le *silex*, ne sont autre chose que l'agglomération des carapaces de ces infiniment petits. Le minerai de fer se compose des carapaces ferrugineuses d'un infusoire ; le tripoli est un amas de tests siliceux d'animalcules microscopiques, et doit aux arêtes vives de ces tests sa propriété de polir les métaux par le frottement.

Le microscope seul donne une idée exacte de la merveilleuse fécondité de la nature, et, comme l'a dit le poëte Byron, démontre que *la poussière que nous foulons aux pieds fut jadis vivante.*

Le terrain de la ville de Richmond et du district environnant, dans l'Amérique du Nord, repose sur une couche de *diatomées* (qui ressemble à une algue) fossiles de vingt-cinq à trente pieds d'épaisseur. Le sol supérieur du duché de Lunébourg est en partie une couche de carapaces semblables. La ville de Berlin est bâtie sur un terrain qui offre la même composition, sur une épaisseur d'au moins cent vingt pieds.

Ces débris abondent encore aujourd'hui tellement par toute la terre, qu'ils remplissent le sable des dunes. A quelque profondeur que descende la sonde, elle ramène leurs coquilles mêlées au sable du fond de la mer; on les trouve par milliards dans les glaces du pôle, et elles fourmillent jusque dans les nuages de poussière que vomissent les volcans.

La terre n'est donc qu'une vaste catacombe d'animalcules, et l'on ne sait ce qu'il faut le plus admirer, ou de leur nombre prodigieux, ou de leurs formes tellement variées, tellement fantastiques, qu'elles défieraient l'imagination du dessinateur le plus fécond.

Les naturalistes leur donnent les noms de *foramini-*

Foraminifères.

fères, de *gaillonelles*, de *diatomées*, et ils reconnaissent que leur organisation ne le cède en rien à celle des grands animaux.

CHAPITRE VINGT-DEUXIÈME

ARGILE PLASTIQUE — CALCAIRE GROSSIER

On comprend sous le nom de *terrain tertiaire* les couches qui s'élèvent au-dessus de la craie et s'étendent jusqu'aux *terrains d'alluvion.*

Quelques géologues leur ont donné le nom de *groupe supercrétacé* ou de *période palœothérienne*, à cause des nombreux débris de *palœotherium* qu'il renferme.

Pendant les périodes précédentes, les plantes, les mollusques, les poissons, les reptiles atteignaient des proportions gigantesques. Dans le terrain tertiaire, toutes ces espèces colossales disparaissent.

A quelles causes attribuer leur destruction ?

Est-ce à une violente révolution du globe ? Est-ce à un lent changement des conditions physiques nécessaires à leur existence ?

La science suppose que la période *tertiaire* a vu s'opérer, dans le monde organique, des transformations plus grandes qu'aucune de celles effectuées depuis la destruction des races primitives.

On voit dans les couches tertiaires apparaître pour la première fois les mammifères, classe que tous les naturalistes s'accordent à placer au sommet de l'échelle animale et par laquelle Dieu semble préluder à la création de l'homme.

Dans le règne végétal, ce sont les plantes dicotylédones, d'une organisation plus compliquée; leur organition, la grandeur de leurs feuilles, la beauté de leurs fleurs et de leurs fruits, impriment à toute la végétation un aspect nouveau.

Cette classe des plantes dicotylédones, dont on peut à peine citer quelques indices douteux dans les derniers temps de la *période secondaire*, se développe rapidement durant la *période tertiaire*.

On ne retrouve plus aucun indice des végétaux singuliers qui caractérisaient les forêts primitives. Le sol se couvre maintenant de *pins*, de *sapins*, de *thuyas*, de *peupliers*, de *bouleaux*, de *charmes*, de *noyers*, d'*érables*, et d'autres arbres presque identiques avec ceux qui croissent encore dans nos climats.

La terre est déjà assez refroidie à la surface pour que l'action du soleil s'y fasse sentir; il s'établit des climats différents; comme aujourd'hui, des plantes et des animaux d'espèces différentes habitent les régions polaires et les régions équatoriales.

Cependant à l'époque où nous arrivons, la température de l'écorce terrestre s'élevait encore beaucoup plus qu'aujourd'hui, et les climats étaient par conséquent beaucoup moins tranchés.

Par exemple, on trouve dans le bassin de Paris les restes de plantes et d'animaux dont les analogues ne vivent que dans les contrées tropicales, tels sont les palmiers.

Voici un de ces palmiers rencontrés dans les terrains de Montmartre.

Palmier du bassin de Paris.

La craie de la formation précédente a dû rester un assez long espace de temps à nu, car plusieurs observations incontestables prouvent qu'elle avait eu le temps de se solidifier quand la mer est revenue la couvrir et y déposer des produits entièrement différents.

Sur ce sol *crayeux* encore à découvert, se formèrent des amas d'eau douce qui y laissèrent des dépôts.

La matière de ces dépôts a reçu le nom d'*argile plastique*, à cause de sa propriété de prendre et de conserver aisément la forme qu'on lui imprime; on s'en sert pour fabriquer de la faïence fine.

Les couches inférieures de cette argile, ne contiennent aucun fossile, mais les couches supérieures renferment un grand nombre de bois pétrifiés et d'animaux marins.

Ce premier terrain d'eau douce déposé sur la craie n'en changea pas bien sensiblement la surface; mais la mer qui envahit de nouveau tout le bassin, et qui paraît y avoir fait un long séjour, y laissa des dépôts connus sous le nom de *calcaire grossier marin* ou *calcaire grossier de Paris*, parce que, très-abondant dans les environs de la capitale, il fournit la pierre employée à la construction de ses maisons.

Ce *calcaire grossier* consiste en une suite de couches considérables remplies de coquilles, pour la plupart microscopiques, amoncelées et serrées les unes contre les autres comme les grains dans un tas de blé.

Telles sont les *millioles*, ainsi nommées parce que leur grosseur n'excède pas celle d'un grain de millet.

Elles forment une partie considérable de la masse entière de plusieurs montagnes, les *terrains tertiaires* de Vérone et du mont Bolca, dans les Alpes et dans les Pyrénées.

On a construit quelques-unes des pyramides et des sphynx de l'Egypte avec ce calcaire.

J'ai visité ces pyramides; j'en ai rapporté quelques fragments, je les ai soumis au microscope, et j'ai pu examiner les formes étrangères et curieuses qu'ils contenaient. De retour à votre garnison, je vous les ferai voir.

— Merci, merci, s'écrièrent les soldats.

Le plus grand nombre des petites coquilles du *calcaire grossier* appartiennent au genre appelé *nummulite*, à cause de sa ressemblance avec une pièce de monnaie (en latin *nummus*). Leur taille varie depuis celle d'une pièce de cinq francs jusqu'à celle d'un grain de poussière.

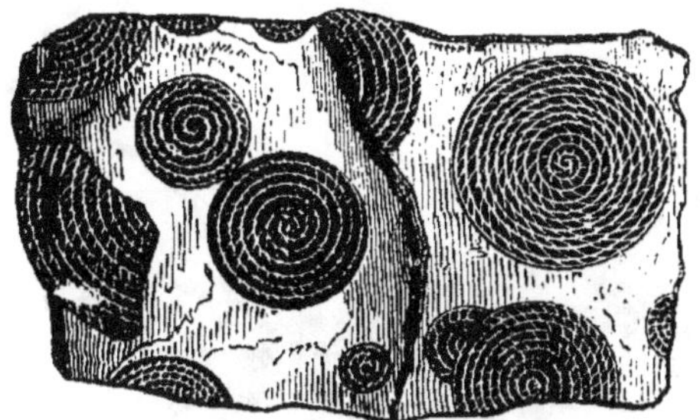

Nummulites du calcaire grossier.

Les *terrains tertiaires* renferment aussi des polypiers et des coraux;

Mais toutefois moins que dans le *terrain jurassique*, où, comme nous l'avons vu, ils forment souvent des montagnes entières.

On y rencontre les coquilles en profusion et si bien conservées, pour la plupart, que leurs arêtes les plus délicates, leurs épines les plus saillantes, ne sont souvent pas même endommagées.

Les crustacés laissent aussi leurs dépouilles dans les *dépôts marins;* leurs formes se rapprochent de celles des espèces actuellement vivantes. Ce sont des *crabes*, des *homards*, des *squilles;* puis des *azelles* et des *cloportes*.

L'un des crustacés les plus singuliers de cette époque et qui n'a pas laissé d'analogue dans le monde actuel, est l'*arges armé :* et, comme vous le voyez, il mérite bien son nom, car son corps est couvert d'une telle quantité d'épines que peu d'animaux devaient oser en faire leur proie. Son organisation présente d'ailleurs de grands rapports avec celle de la crevette.

Arges armé.

Les crustacés mènent naturellement aux insectes.

Quelques-uns de ces derniers gisent dans les sédiments d'eau douce et dans l'ambre jaune ou *succin*.

L'*ambre* paraît provenir d'un arbre conifère d'une espèce particulière *(pinite)*, assez semblable à nos sapins rouges.

L'*arbre à ambre* du monde primitif était plus résineux qu'aucun conifère du monde actuel, car non-seulement la résine, comme dans ce dernier, existe sur l'écorce et à l'intérieur de l'écorce, mais encore dans le bois lui-même, dont on distingue très-nettement au microscope les cellules et les rayons médullaires remplis de succin.

Lorsque cette substance découlait de l'arbre qui la produisait, l'insecte qui, du bout de la patte ou de l'aile, venait à la toucher, se trouvait saisi et bientôt enveloppé par la liqueur gluante.

Or, la résine, grâce à ses propriétés antiseptiques, préserve de toute décomposition les objets qu'elle renferme.

Donc l'ambre jaune contient des insectes, et les a maintenus pendant des milliers d'années dans un état de conservation si parfait, que les parties les plus délicates de leur corps restent intactes.

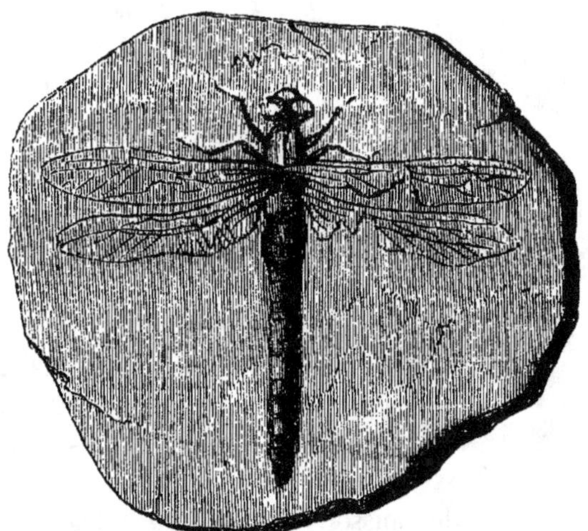

Libellule dans l'ambre.

Les insectes qu'on rencontre le plus souvent à l'état fossile, sont des *sauterelles*, des *mouches*, des *libellules* ou *demoiselles*, et des *scarabées* de diverses sortes, qui correspondent presque toujours à des espèces vivant aujourd'hui dans les contrées les plus chaudes du globe.

Les animaux vertébrés, et surtout les poissons, sont nombreux dans les couches de la *formation tertiaire*.

Le poisson fossile le plus répandu est le requin ; on

retrouve ses débris et surtout ses dents en quantités inouïes.

Les dents de ces monstres étaient aiguës et fines, d'une forme toute particulière, comme vous le démontrent celles-ci que nous avons recueillies dans le terrain de la mère Javotte; d'une dureté extrême et à double tranchant.

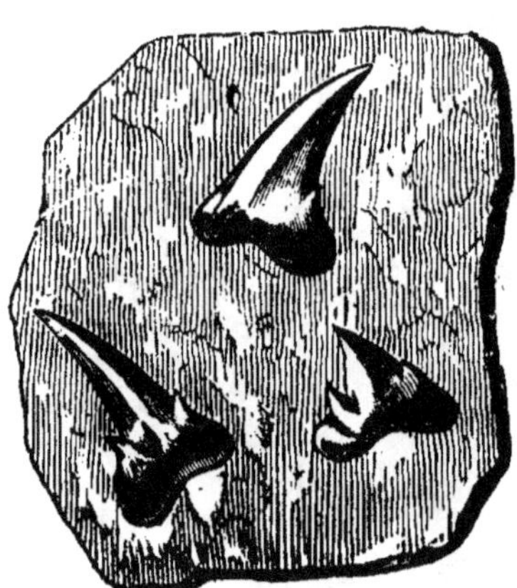

Dents de requins fossiles.

Vous le voyez, ces dents manquent de racines. En effet, les dents du requin ne s'implantent pas dans l'os de la mâchoire, mais bien dans la chair des gencives qui les retient par le renflement de leur base.

Les *raies* étaient assez communes et mesuraient jusqu'à dix-huit à vingt pieds de diamètre.

Beaucoup de poissons fossiles du calcaire grossier, par exemple, l'*ostracion* à quatre cornes, se retrouvent encore dans les mers australes.

Dans les formations tertiaires, le nombre et la taille des reptiles diminuent; les crocodiles, les tortues, les batraciens, les serpents et les salamandres, ne sont guère plus grands qu'aujourd'hui.

Au commencement du siècle dernier, un médecin suisse, nommé Scheuchzer, annonça qu'il avait trouvé un squelette fossile humain et le surnomma l'*Homme témoin du déluge*. C'est à OEningen, sur le Rhin, que ce squelette se rencontra. On crut longtemps qu'il était, en effet, comme le disait Scheuchzer, une des reliques les plus rares de la race maudite ensevelie sous les eaux.

Pierre Camper, célèbre naturaliste, signala le premier ce squelette, comme appartenant, non pas à un homme, mais à un lézard pétrifié; et, plus tard, Cuvier démontra d'une manière positive, la justesse de l'opinion de Camper.

« L'animal, disait notre grand naturaliste, n'est autre qu'une salamandre gigantesque, et je suis persuadé

Salamandre gigantesque.

même que, si l'on creusait la pierre pour y chercher un peu plus de détails, on trouverait des preuves nombreuses de ce que j'avance. »

Ayant obtenu plus tard de faire cet examen au musée de Harlem, possesseur du fossile, Cuvier fit fouiller la pierre en présence du directeur du musée et de plusieurs naturalistes, après avoir tracé à l'avance le dessin du squelette entier de la salamandre, tel que ce squelette devait exister.

Il eut la satisfaction de constater qu'à mesure que le

ciseau creusait la pierre, on mettait au jour quelqu'un
des os que le dessin annonçait.

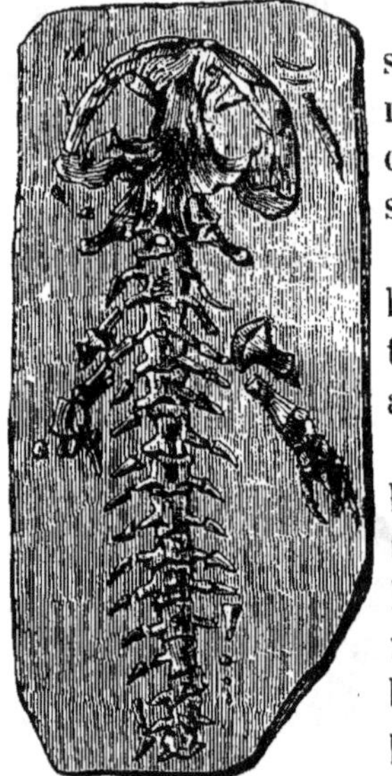
Squelette d'Œningen.

Voici d'ailleurs l'image du squelette, de cette espèce de salamandre, tel qu'il était encastré dans sa pierre, et l'animal entier, selon la restauration de Cuvier.

Vous voyez qu'il fallait tout l'aveuglement de l'esprit de système pour confondre ce squelette avec celui d'un homme.

Ajoutons toutefois qu'avant le travail de Cuvier, il n'était pas entier ; que les bras et la partie postérieure du corps restaient encore renfermés dans la pierre, et que ces fragments pouvaient ainsi, l'imagination aidant, présenter une certaine ressemblance lointaine avec des ossements humains.

Les reptiles monstrueux ont disparu ; mais des *cétacés* gigantesques sillonnent la vaste mer du sein de laquelle doit un jour sortir Paris.

Ces mammifères marins ont précédé les mammifères terrestres, et il devait en être ainsi ; car les mammifères marins étaient plus capables que les animaux terrestres de résister aux inondations et aux catastrophes produites par les irruptions de la mer.

Toutefois la comparaison des espèces maritimes fossiles avec celles qui existent encore aujourd'hui, tend à prouver qu'aucune d'elles ne s'est maintenue telle qu'elle existait à son origine.

Vous savez sans doute que les dauphins, les marsouins, les dugongs, les lamantins, les cachalots, les baleines, ne sont pas des poissons, mais bien des mammifères marins, ou cétacés, ils ne respirent pas dans l'eau, comme les poissons, par des branchies, et reviennent souvent à la surface pour y respirer.

On nomme *cétacés* de grands mammifères dont le corps, privé de pieds, se termine par une queue épaisse, élargie à son extrémité en nageoire horizontale.

Leurs membres antérieurs, dans lesquels on retrouve les mêmes os que chez les autres mammifères, mais raccourcis et aplatis, s'enveloppent dans une membrane qui en fait de véritables nageoires. Leur forme rappelle celle des poissons, mais leur organisation les en éloigne; non-seulement ils respirent l'air en nature par des poumons, mais ils mettent au jour des petits vivants et possèdent des mamelles pour les allaiter.

Je vous disais donc que dans la mer, qui a déposé le calcaire grossier de Paris, vivaient d'énormes cétacés. On retrouve leurs ossements en divers endroits, et notamment au milieu même de la capitale.

En 1779, un marchand de vins de la rue Dauphine creusa dans sa cave et y découvrit une pièce osseuse d'une grandeur considérable. Ne voulant pas se livrer aux travaux nécessaires pour dégager la pièce entière, il la brisa et en enleva un fragment qui pesait cependant cent quatorze kilogrammes.

Le naturaliste Lamanon reconnut que ce morceau formait une portion de quelque os de la tête d'un cétacé;

plus tard, Cuvier détermina positivement cet os comme provenant de la mâchoire d'une baleine différant de toutes nos espèces.

L'animal devait mesurer plus de vingt mètres de longueur.

Les fossiles que Cuvier a désignés sous le nom de *ziphius* ne sont ni des baleines, ni des cachalots, mais ils participent aux caractères des uns et des autres. On ne connaît aujourd'hui aucune espèce de ce genre.

Quelques espèces de dauphins et de marsouins se montrent aussi pour la première fois.

Les narvals, si remarquables par la corne, ou plutôt par la longue dent qu'ils portent en avant, ont laissé fort peu de débris à l'état fossile.

Les *lamantins*, bien qu'appartenant encore à l'ordre des cétacés, semblent former le passage de ceux-ci aux phoques.

Le *lamantin* moderne ne se rencontre que dans la zone torride. Long de cinq mètres, il se nourrit d'algues et de végétaux aquatiques, qu'il paît à l'embouchure des rivières. Comme les autres cétacés, il manque de membres postérieurs, et son corps se termine en queue-nageoire; mais à ses mains mieux conformées que celles des autres cétacés, et bien qu'elles soient encore des nageoires, on distingue cinq doigts, dont quatre se terminent par des ongles plats et arrondis.

Le lamantin se sert de ces doigts avec assez d'adresse pour s'accrocher à la terre et porter son petit.

Comme ces animaux ont leurs mamelles sur la poitrine et qu'ils élèvent souvent la partie antérieure de leur corps au-dessus de l'eau; comme le nom de mains donné à leurs nageoires a fait exagérer l'idée de la ressemblance de ces membres avec les nôtres ; comme enfin leur mufle s'entoure de poils qui, de loin, peuvent faire l'effet d'une sorte de chevelure et de barbe, on leur a donné des noms plus ou moins singuliers qui ont conduit ensuite à des récits fabuleux.

Les navigateurs portugais et espagnols appelaient le lamantin : *poisson-femme* et *homme marin*. De ces noms à l'idée d'un être demi-homme et demi-poisson, il n'y avait pas loin. Il suffit d'un voyageur peu scrupuleux ou mauvais observateur pour compléter la métamorphose.

C'est, en effet, aux lamantins, aux dugongs, et à des descriptions inexactes de ces animaux, qu'on doit rapporter tout ce qu'on a dit des *tritons* et des *sirènes*.

On a trouvé dans le bassin de Paris des ossements fossiles d'une espèce de lamantin dont la taille était supérieure à celle de l'espèce moderne.

Quant aux débris de phoques, ils existent en fort petit nombre.

CHAPITRE VINGT-TROISIEME

TERRAIN TERTIAIRE — GYPSE MARNE

La mer, après avoir fait sur nos parages le long séjour pendant lequel elle déposa la formation importante dont je viens de vous parler, se retira et se vit remplacée par de vastes bassins d'eau douce, qui y laissèrent des dépôts parmi lesquels gisent des ossements de mammifères terrestres.

Ces terrains ne forment point de couches absolument continues sur toute l'étendue du bassin de Paris ; mais ils s'y amoncèlent par tas, présentant des interruptions, ainsi qu'on devait s'y attendre d'après leur mode de formation.

Dans ces dépôts d'eau douce (*travertin, calcaire de Saint-Ouen*), on trouve un grand nombre de coquilles

Cyclostome d'Arnoud. Helix hémisphérique.

fluviatiles : des *lymnées*, des *planorbes*, des *paludi-*

nes et des *cysclostomes*, des débris de poissons et des ossements de *palæotheriums*.

Enfin, cet étage se couronne par un puissant dépôt de *gypse*, avec des couches de *marnes* et d'*argiles* de diverses couleurs, dans lesquelles se rencontrent parfois intercalée une *meulière* semblable à celle qu'on exploite à La Ferté-sous-Jouarre pour en faire des meules de moulin.

Les marnes servent à la fabrication des briques, des tuiles et de la poterie.

Dans la formation supérieure du *gypse* gisent les ossements et quelquefois les squelettes entiers des quadrupèdes terrestres les plus anciens du globe : le *palæotherium*, l'*anoplotherium*, le *xiphodon*, le *chœropotame*, disparus aujourd'hui.

Au-dessus du *gypse*, dans le bassin de Paris, s'étendent des bancs de *marnes* de deux espèces, qui renferment, avec d'autres fossiles du règne animal, des troncs de palmiers pétrifiés et transformés en silex.

Le calcaire grossier est la dernière formation qui indique un long séjour de l'Océan sur notre pays ; la formation d'eau douce qui suit donne les preuves de l'absence prolongée de la mer.

Sur le bord des eaux qui ont déposé ces terrains, vivaient les *palæotheriums*, les *anoploteriums* et plusieurs autres mammifères.

On découvre, dans le *gypse* surtout, leurs débris ; les carrières de Montmartre en renferment un grand nombre.

Le *palæotherium*, ou *animal ancien*, atteignait la taillle d'un cheval ; d'après la conformation des os de sa tête, il devait offrir la plus grande ressemblance avec le tapir ; son nez se terminait, comme chez ce dernier, par une trompe musculeuse et courte ; son œil était petit, sa tête énorme, son corps trapu ; ses jambes, courtes et massives, se terminaient par un pied dont les trois doigts s'encroûtaient dans des sabots.

Palæotherium

Cet animal vivait sans doute, comme les pachydermes actuels, de fruits, de graines et de plantes, surtout des plantes aquatiques, qu'il arrachait avec sa trompe du fond des marais.

Il en existait plusieurs espèces : l'un d'eux, le *palæotherium moyen*, plus petit que le précédent et à jambes plus grêles, tenait, parmi les animaux de son genre, le rang que tient le babiroussa parmi les cochons ; sa hauteur au garrot mesurait quatre-vingts centimètres environ.

Une troisième espèce, le *petit palæotherium*, qui atteignait à peine la hauteur d'un chevreuil, rappelle encore les formes du tapir; mais ses jambes, plus longues et plus minces, indiquent un animal beaucoup plus agile.

Il affectionnait l'endroit qu'occupe aujourd'hui le village de Pantin, car on y trouve de nombreux débris de son squelette.

Enfin, une quatrième espèce ne dépassait point la taille du lièvre, dont il avait les jambes et, sans doute, la légèreté : on lui a donné le nom de *palæotherium très-petit*.

Comme je vous l'ai dit, ces animaux devaient avoir les mœurs des tapirs de nos jours, car ils en avaient l'organisation.

Les tapirs sont des animaux doux et timides, qui se tiennent le jour cachés dans quelque fourré épais, et ne sortent que la nuit pour se plonger au milieu des eaux des marais, des lacs et des rivières, dont ils habitent les bords. Ils ne se nourrissent que de plantes et de racines.

D'après une tête colossale trouvée en Allemagne, près des bords du Rhin, Cuvier avait décrit une espèce gigantesque de tapir; d'autres ossements, découverts depuis, ont prouvé que cet animal n'était pas un tapir, mais formait un genre particulier, tenant le milieu entre les mastodontes et les tapirs.

Le *dinotherium* (animal terrible), c'est le nom qu'on lui donne, est le plus grand des mammifères fossiles ; sa taille dépasse celle des plus forts éléphants ; sa tête seule a un mètre trente centimètres de longueur sur un mètre de largeur, ce qui indique au moins cinq mètres pour la longueur du corps, et, par conséquent, six mètres à six mètres et demi pour la longueur totale de l'animal.

Crâne de dinotherium.

L'os de la mâchoire inférieure se prolonge, se recourbe en bas, et porte deux énormes défenses, comme celles qui existent à la mâchoire supérieure du morse ; ces défenses offrent, relativement à leur forme, et surtout à la place qu'elles occupent, un exemple de structure unique dans toute la création.

La mâchoire supérieure se creuse en avant et devient une cavité énorme pour recevoir une trompe ou tout au moins un nez mobile, gros, puissant, et propre, comme celui de la taupe, à fouiller la terre. Les autres dents indiquent que l'animal vivait de racines et de tubercules. L'empreinte des muscles, creusée dans les os de la tête, annonce une force extrême.

L'omoplate, ou os de l'épaule, rappelle, par sa forme, encore celle de la taupe, et semble indiquer ainsi une conformation particulière des membres antérieurs, destinée à creuser la terre, ce qui s'accorde avec celle de la mâchoire inférieure.

Dinotherium.

Que conclure de cette singulière organisation, relativement aux mœurs de l'animal ?

D'abord les lois de la mécanique démontrent que des mâchoires longues de près de quatre pieds, et chargées à leur extrémité de défenses aussi lourdes, n'eussent été pour un quadrupède habitant la terre ferme qu'un incommode fardeau. En revanche, elles conviennent à un grand mammifère destiné à vivre dans les eaux ; les habitudes aquatiques de la famille des tapirs, si voisins du *dinothérium*, ajoutent donc un nouveau poids à l'opinion que ce dernier habitait, comme eux, l'eau des grands lacs et des rivières.

Cette hypothèse admise, le poids de défenses semblables soutenu par les eaux n'aurait eu rien de gênant pour l'animal qui les portait. Elles devaient lui servir, comme une pioche, à fouiller et à déraciner les végétaux du fond des eaux. La structure de l'omoplate semble prouver que les pieds antérieurs étaient organisés de façon à concourir, avec les défenses, à arracher ces vé gétaux.

Dans les mêmes lieux où vivaient les *palæotheriums*, existait l'*anoplotherium commun*, animal de la grandeur d'un âne, qui se distinguait par son énorme queue,

An plotherium.

assez semblable à celle de la loutre, par ses oreilles courtes et ses pieds fourchus munis de deux doigts enveloppés chacun d'un sabot de corne.

Squelette d'Anoplotherium.

Cet animal fréquentait les lieux marécageux, où il cherchait les racines et les tiges succulentes des plantes aquatiques dont il se nourrissait, comme l'indique son système dentaire.

Sa longue et grosse queue lui servait de gouvernail quand il passait à la nage d'une île à l'autre.

L'*anoplotherium grêle* avait les formes générales d'une gazelle et, sans doute, sa légèreté. Sa taille égalait celle du chamois.

Il devait courir rapidement autour des marais et des étangs, et y paître des herbes aromatiques ou brouter de jeunes pousses d'arbrisseaux. Comme tous les herbivores agiles, c'était probablement un animal craintif, et de grandes oreilles mobiles l'avertissaient du moindre danger. Nul doute enfin que son corps ne fût couvert d'un poil ras et lustré.

Une troisième espèce, l'*anoplotherium lièvre*, dont la grosseur atteignait à peine celle d'un lièvre, avait les formes générales et les habitudes de l'espèce précédente ; mais ses jambes, très-menues, s'appropriaient encore mieux à une course rapide.

Enfin, une quatrième espèce d'*anoplotherium* ne dépassait pas la taille d'un rat. Ses mœurs devaient ressembler à celles de nos rats d'eau.

D'autres animaux de genres différents ont laissé leurs ossements à côté de ceux des *palæotheriums* et des *anoplotheriums*, dans les plâtrières des environs de Paris.

Tel est le *chœropotame* ou porc des fleuves, qui paraît former le passage entre l'*anoplotherium* et les cochons. De la taille de notre porc domestique, il devait passer la plus grande partie de sa vie au sein des eaux comme l'hippopotame.

L'*anthracotherium* atteignait presque la taille du

rhinocéros et offrait quelques rapports avec l'hippopotame.

Plusieurs espèces du même genre ne s'en distinguaient que par leur taille plus petite et par quelques légères différences anatomiques.

Tous ces animaux appartiennent à la famille des pachydermes, et à des genres entièrement éteints, présentant de l'analogie avec les tapirs.

Les ruminants, aujourd'hui si nombreux, tels que les bœufs, les girafes, les chameaux, n'ont presque pas de représentants dans les terrains dont je vous parle.

Toutefois les herbivores ne formaient pas les seuls habitants de la terre, et des animaux carnassiers leur faisaient la chasse.

Le plus fort et le plus cruel, était une espèce de *mangouste* de la taille du loup; mais qui, d'après la forme de ses dents et la puissance de ses griffes, devait surpasser beaucoup ce dernier en force et en férocité. Il ne le cédait, sous ce rapport, à aucun des animaux actuellement vivants; il rôdait sans cesse autour des eaux pour surprendre les *palæotheriums* et les *anoplotheriums*.

Un animal non moins terrible était le *grand chien fossile*, de la taille d'un cheval et se rapprochant de notre chien de berger.

D'autres chiens de petite taille, et comparables au renard, s'attaquaient aux petites espèces de *palæotheriums*.

On a trouvé également, dans les plâtrières de Montmartre, les débris d'un *coati*, de la taille d'un fort mâtin, et ceux d'un *ours* gigantesque.

La famille des rongeurs fournissait déjà aussi quelques espèces à la faune de cette époque ; on retrouve, dans le gypse, les squelettes de petits animaux voisins des loirs et des écureuils. Enfin de grandes chauves-souris remplacent dès lors les ptérodactyles de la période précédente.

On a encore découvert, dans le plâtre de Montmartre, le squelette d'une petite sarigue, dont le genre reste aujourd'hui confiné dans le Nouveau-Monde.

Les *sarigues* se distinguent de tous les autres mamfères par une organisation singulière.

D'abord ils ont cinquante-deux dents comme les lezards ; leur langue est hérissée ; leur queue longue, écailleuse et sans poils, possède la faculté de s'enrouler autour des branches d'arbres, comme celle des singes à queue prenante. Leurs membres courts, à cinq doigts, sont armés d'ongles aigus mais faibles, le pouce des pieds de derrière se sépare très-distinctement des autres doigts. Ces animaux, d'une nature lente, ne sortent que la nuit. Ils grimpent avec beaucoup de facilité sur les arbres et y poursuivent les oiseaux et les insectes dont ils font leur principale nourriture. La proie leur manque-t-elle ? ils se contentent de fruits.

Leur bouche très-fendue et leurs grandes oreilles nues leur donnent une physionomie particulière.

Le point le plus singulier de leur organisation consiste dans leur mode de reproduction. La sarigue donne naissance à une quinzaine de petites masses gélatineuses et charnues, qu'on ne peut appeler ni des œufs, parce qu'ils n'ont pas d'enveloppes ; ni des petits, car on ne leur voit ni tête ni membres distincts. Ces masses, privées de mouvement en naissant, ne pèsent guère qu'un grain. Elles possèdent cependant un petit trou, qui leur sert de bouche ou plutôt de suçoir, à l'aide duquel elles s'accrochent aux mamelles de leurs mères et y restent adhérentes et immobiles pendant cinquante jours. Une membrane chaude et velue, qui forme une espèce de poche placée sous le ventre de la mère, les abrite et les protége.

Toujours fixés aux mamelles, les sarigues passent dans cette poche la période de temps, qui s'écoule d'ordinaire pour les petits des autres animaux, soit dans un œuf, soit dans le sein de leur mère.

Au cinquantième jour de cette espèce d'incubation, les petits sarigues possèdent une tête, des pattes, un

Sarigue marmose.

corps, une queue, et atteignent la grosseur d'une souris. Leurs yeux s'ouvrent.

Ils quittent bientôt la mamelle et sortent de la poche de leur mère pour jouer sur l'herbe, mais ils y rentrent à la moindre apparence de danger. Quand ils atteignent la grosseur d'un rat, ils abandonnent leur asile pour ne plus y rentrer, et se contentent de suivre leur mère ou de grimper sur son dos en enroulant leur queue autour de la sienne pour se soutenir.

CHAPITRE VINGT-QUATRIÈME

LES PLATRIÈRES DU BASSIN DE PARIS. — LES MINES DE SEL DE POLOGNE.

Les plâtrières du bassin de Paris contiennent plus d'ossements d'oiseaux qu'aucune des couches précédentes.

Souvent on y trouve des squelettes entiers.

A cette époque, déjà plusieurs espèces de *merles*, de *grives*, de *fauvettes*, faisaient retentir les bois de leurs chants ; des *pélicans* et des *anatidées* (canards) voguaient sur les eaux des lacs, tandis que des *ibis* et des *bécassines* couraient sur les rivages. Des *chouettes* perçaient le silence des nuits de leur cri plaintif, et des *busards* et d'autres grands oiseaux de proie planaient dans les airs pour épier et saisir les *cailles* et les petits mammifères qui vivaient dans les herbes.

On rencontre encore de nombreux reptiles : des *crocodiles*, qui se rapprochent beaucoup du crocodile d'Égypte ; des *monitors* de grande taille ; des *tortues d'eau douce*, plus grandes que toutes celles d'aujourd'hui.

Les lacs d'eau douce autour desquels se trouvaient les divers mammifères dont nous avons parlé, et qui recevaient leurs ossements, nourrissaient, en outre, des poissons, des crustacés et quelques coquillages. Tous ceux que l'on recueille sont aussi étrangers à notre climat, et même aussi inconnus dans les eaux actuelles, que les palæotheriums et les autres quadrupèdes leurs contemporains.

A ces terrains se rapporte le célèbre dépôt de sel gemme de Wielizka en Pologne.

On estime que cet amas forme une masse de quatre cents kilomètres de longueur, sur cent vingt-cinq kilomètres de largeur. Il git par couches stratifiées sur des lits d'argile et de grès.

Les travaux d'exploitation vont jusqu'à deux cent quarante mètres de profondeur. On y trouve des salles taillées carrément, soutenues par des piliers de sel, et hautes de cent mètres environ. L'intérieur de ces souterrains si extraordinaires contient, en outre, des chapelles ornées d'autels, de colonnes, des statues, des bancs, également en sel, des écuries habitées par des chevaux, un escalier de plus de mille degrés ; enfin, il renferme plusieurs lacs d'eau salée sur lesquels on peut se promener en bateau. Douze à quinze mille ouvriers, quarante à cinquante chevaux habitent ces singuliers souterrains, pendant plusieurs années, sans en éprouver le moindre malaise.

CHAPITRE VINGT-CINQUIÈME

TERRAIN TERTIAIRE. — MOLASSES ET FALUNS.

Dans le bassin de Paris, la base du *terrain tertiaire moyen* consiste en *sables quartzeux* et renferme des bancs de grès qu'on exploite surtout à Fontainebleau et à Orsay pour le pavage. Ces grands dépôts accusent une irruption de la mer qui, recouvrant brusquement d'immenses terrains, y détruisit les animaux. On y trouve de nombreuses *coquilles marines*, des *crustacés*, des *zoophytes*, des *poissons*, et quelques *cétacés*, fort voisins des nôtres : des *dauphins*, des *baleines*, des *cachalots* et des *hypérodons*.

A ces sables et à ces grès succède un dépôt d'eau douce, formé d'*argile*, de *calcaire travertin*, de *meulières*, qui renferme des plantes aquatiques et particulièrement des *nymphœa*, des *lycopodes*, et des coquilles lacustres; surtout des *potamides*, des *planorhes*, des *lymnées*, des *cypris*. Ces couches contiennent encore de nombreux débris d'oiseaux et de mammifères; et, chose remarquable, des œufs et des plumes fossiles d'une parfaite conservation.

On nomme *faluns* diverses couches formées presque en totalité de coquilles brisées et qui alternent généralement avec des couches d'*argile*, de *marnes*, de *sables* et de *grès ferrugineux*, contenant des amas ou *rognons d'hydrate de fer*.

Ces dépôts coquilliers, qui ne se rencontrent pas aux environs de Paris, renferment, outre les mollusques, une grande quantité de débris fossiles de toutes les classes.

On rapporte également à cet étage le *schiste siliceux zootique* de Bilin en Bohême.

Ce schiste, appelé *tripoli*, forme une couche étendue d'une épaisseur de quatre à cinq mètres. Il fournit depuis longtemps aux arts une poudre pour polir les métaux.

Des carapaces siliceuses d'infusoires auxquels on donne le nom de *gaillonelles* le composent entièrement.

La petitesse de ces animalcules est telle, et leur nombre si prodigieux, que chaque pouce cube de schiste ou de tripoli en contient plus de quatre cent dix millions.

Les couches inférieures de la période tertiaire recèlent encore quelques *palmiers* mêlés à un grand nombre de *conifères* avec des anneaux annuels bien marqués, et des arbustes rameux, d'un caractère plus ou moins tropical, des *cycadées*, des *lamiées*.

Dans les couches supérieures de ce terrain la végétation affecte une grande analogie avec la flore actuelle.

Nos pins et nos sapins, nos érables, nos peupliers y apparaissent en grand nombre. Les troncs que l'on en découvre enfouis dans les lignites se distinguent souvent par d'énormes proportions.

On a retiré des tourbières de la Somme, près d'Abbe-
ville, un tronc de chêne de quatre mètres de diamètre,
dimension extraordinaire pour les régions extra-tropi-
cales de l'ancien continent.

Les vastes forêts de l'ancien monde, comme celles de
notre époque, servaient de refuge à un grand nombre
d'animaux plus ou moins analogues à ceux qui vivent
sur notre globe.

Les *palæothériums* et les *anaplotheriums* y deviennent surtout de plus en plus rares.

Cependant les pachydermes y dominent encore, mais
des pachydermes gigantesques, des *rhinocéros*, des *hippopotames*, des *éléphants*, des *sangliers*, accompagnés
de *chevaux* et de nombreux animaux carnassiers de
grande taillle.

En général, le climat dans le nord ressemblait à celui
que la seule zone torride nous offre maintenant ; toutefois aucune espèce ne s'y montrait complétement identique aux espèces de cette même zone torride.

Passons en revue les plus remarquables de ces animaux.

Voici d'abord le grand *hippopotame* qui vivait dans
les lacs des environs de Paris et dans beaucoup d'autres
localités de la France.

Ce monstrueux animal mesurait près de six mètres
de longueur et deux mètres et demi de hauteur ; il était
par conséquent d'un tiers plus grand que l'hippopotame
vivant aujourd'hui, auquel il ressemblait d'ailleurs par
son corps massif porté sur des jambes très-courtes qui
laissaient presque traîner son ventre à terre ; par sa tête
énorme que terminait un large muffle renflé ; par sa
queue courte, par ses oreilles et par ses yeux.

Il se nourrissait de racines et des tiges tendres des plantes aquatiques qu'il broyait facilement sous ses énormes dents. Quant à ses mœurs elles devaient être celles de l'espèce actuelle, qui ne se rencontre plus que dans les régions les plus chaudes de l'Afrique.

Quoique les quatre doigts de ses pieds soient courts et munis de sabots, l'hippopotame nage et plonge avec beaucoup de facilité, et il habite plus souvent les eaux que la terre. Il se tient longtemps au fond des fleuves et y marche comme en plein air.

Lorsqu'il sort de l'eau pour paître, il mange des cannes à sucre, des joncs, du riz et des racines. Il en consomme et détruit une grande quantité, et il cause beaucoup de dommages dans les terres cultivées. Mais comme il est plus timide sur terre que dans l'eau, on vient aisément à bout de l'écarter, car ses jambes courtes ne lui permettraient point d'échapper par la fuite s'il s'éloignait du bord des rivières.

Sa ressource, lorsqu'il se croit en danger, consiste à se jeter à l'eau, à s'y plonger et à faire un grand trajet avant de reparaître.

Il se sauve ordinairement quand on le chasse; mais si l'on vient à le blesser, il s'irrite, se retourne avec fureur, s'élance contre les barques, les saisit avec les dents, en enlève quelquefois les bordages et les submerge.

« J'ai vu, dit un voyageur, l'hippopotame ouvrir la gueule, planter une dent sur le bord d'un bateau et une autre au second bordage depuis la quille, c'est-à-dire à un mètre trente centimètres de distance l'une de l'autre, percer la planche de part en part, et faire couler ainsi le bateau à fond. »

Il n'existe aujourd'hui qu'une seule espèce d'hippopotame qui devient tous les jours de plus en plus rare. Mais à l'époque dont je vous fais l'histoire, on en comptait trois sortes bien distinctes : la grande dont je vous ai parlé ; une moyenne à peu près de la grosseur de l'espèce actuelle, et une petite, dont la taille ne dépassait guère celle de notre cochon domestique. On trouve de nombreux débris de ce petit hippopotame à Meudon.

Le plus grand et le plus curieux des pachydermes de cette époque était le grand *mastodonte*.

Ses restes, assez rares dans nos contrées, abondent dans l'Amérique septentrionale.

Cet animal dépassait la taille du plus grand éléphant de l'Inde, dont il possédait d'ailleurs l'organisation générale. Néanmoins, son corps devait être plus allongé, ses membres plus épais, sa trompe un peu plus courte, et ses défenses, implantées à l'extrémité de la mâchoire inférieure, se dirigeaient presque horizontalement en avant.

La forme de ses mâchelières le distingue des autres éléphants ; carrées et couronnées de grosses protubérances coniques, elles lui valent son nom de mastodonte (dents mamelonnées) ; chacune d'elles pèse au moins de cinq à six kilogrammes.

Les Indiens de la Virginie et des autres régions de l'Amérique septentrionale parlent de cet animal, qu'ils nomment le *père aux bœufs*, dans beaucoup de leurs traditions. Voici l'une d'elles : « Une troupe de pères aux bœufs descendit un jour de la montagne et fit un tel massacre des bisons, des daims et autres animaux dont le grand Esprit peuplait les forêts pour l'usage des Indiens, que celui-ci irrité prit son tonnerre et les foudroya tous, à l'exception d'un seul, qui était le plus gros et le chef du troupeau. Il présentait la tête aux foudres, et à mesure qu'elles tombaient, il les secouait sans en éprouver de mal; mais enfin, blessé au côté, il prit la fuite du côté des grands lacs, où il se tient caché jusqu'à ce jour. »

Ces histoires proviennent-elles d'une ancienne tradition, ou de la rencontre fréquente d'ossements gigantesques? On ne saurait le décider, mais elles semblent prouver cependant que la race des mastodontes n'est pas perdue depuis aussi longtemps que celle des autres animaux fossiles. Parfois même on trouve leurs ossements garnis de parties molles encore reconnaissables. Des sauvages affirmèrent avoir vu des têtes de mastodontes ornées encore d'un *long nez* (évidemment la trompe) *sous* lequel était la *bouche.*

Vers la même époque, on découvrit les traces des premiers *éléphants* et des premiers *rhinocéros.*

Le *cheval* fait également son apparition dans cette période.

Il ne devait toutefois guère ressembler au nôtre à en juger par les proportions de son squelette. Sa taille atteint à peine la taille de l'âne; sa grosse tête, ses lourdes jambes n'indiquent ni la force, ni la vitesse, ni l'élégance des formes.

De nombreuses espèces de *bœufs* et de *cerfs* peuplaient les forêts de la France et particulièrement l'Auvergne et le Vélay.

Ce sont : le grand *bœuf du Vélay*, dont la taille dépassait celle de nos plus fortes races actuelles ;

L'*urus fossile*, qui devait ressembler au bison, mais plus grand que lui;

Le grand *buffle fossile* particulier à la Sibérie et dont les représentants ne se rencontrent, aujourd'hui qu'en Egypte, en Abyssinie, en Italie et en Grèce;

Le *bœuf fossile* qui se rapproche de notre bœuf actuel;

Les *bœufs* d'Auvergne, et le bœuf primitif dont on retrouve les ossements répandus dans toute la France et l'Allemagne.

La famille des *cerfs* était plus nombreuse encore.

On compte à peu près quinze espèces de cerfs fossiles, toutes différentes quoique voisines de nos cerfs actuels.

A côté de ces animaux inoffensifs, vivaient un grand nombre de carnassiers.

C'étaient la *mangouste*, dont je vous ai déjà parlé;

L'*ours étrusque*, espèce voisine de notre ours brun des Alpes, mais plus grande et plus terrible;

L'*ours d'Auvergne*;

L'*ours du val d'Issoire*, dont les dents tranchantes attestent la férocité;

Le *lion des cavernes*, redoutable chat dont la taille dépassait celle des plus grands lions africains.

L'une des plus dangereuses bêtes féroces de cette époque était le *chat gigantesque*, de la taille d'un bœuf.

Il mesurait plus de deux mètres de hauteur sur quatre de longueur; ses dents aiguës étaient longues de seize centimètres, et ses griffes tranchantes avaient vingt centimètres. Il devait attaquer et terrasser les éléphants et les mastodontes.

Viennent encore :

Une autre espèce de chat, le *chat ancien*, qui avait la taille et les proportions du tigre royal ;

Le *chat d'Auvergne*, comparable au jaguar d'Amérique ;

Le *meganthérion*, ressemblant au guépard ;

Le *smilodon*.

Ce *smilodon* est de tous les *felis*, ou chats, celui qui s'éloigne le plus des espèces actuellement existantes.

Sa tête allongée avait quarante centimètres de longueur, et de sa mâchoire supérieure sortaient deux énormes dents canines de vingt centimètres, comparables à celles d'un morse. Ces espèces de défenses,

Smilodon.

cylindriques à leur naissance, deviennent triangulaires et tranchantes en dedans.

La longueur totale de son corps était de deux mètres trente centimètres.

Deux *lynx* habitaient la France ; l'un, le *lynx d'Issoire*, offre beaucoup d'analogie avec le lynx du Canada, dont il a la queue courte, les jambes longues et les oreilles effilées. Il atteignait la taille d'un gros renard ;

l'autre, le *lynx à museau court*, plus grand que le précédent, a la tête moins allongée.

Le lynx n'habite plus aujourd'hui que les régions froides, la Suède, la Laponie, le Canada ; on le rencontre encore parfois dans le nord de l'Allemagne et dans les montagnes du Dauphiné.

Il attaque les cerfs et les chevreuils, en leur sautant à la gorge ; et lorsqu'il se rend maître de sa proie, il lui suce le sang et lui brise le crâne pour manger la cervelle ; après quoi il l'abandonne souvent et cherche une autre victime.

Cet animal a été le sujet d'une foule d'histoires merveilleuses.

Il possédait, disait-on, une vue si perçante qu'il voyait à travers les murailles ; son urine se pétrifiait et devenait une pierre précieuse, qui, en outre de son éclat, jouissait de la propriété de guérir une foule de maladies. Ailleurs, il suivait les voyageurs égarés et les dévorait ; la nuit, il pénétrait dans les cimetières et y déterrait les cadavres. Mais ce n'est là rien encore ; dans les campagnes, le lynx devenait un *loup-garou*, homme pendant le jour et bête féroce pendant la nuit.

Je n'ai pas besoin, je pense, de vous démontrer la fausseté de tous ces contes absurbes.

Les lynx ont les mœurs des chats sauvages ; mais plus gros et plus forts qu'eux ils attaquent de grands animaux.

L'on a trouvé aussi dans les mêmes couches les ossements de plusieurs espèces de *hyènes* :

La *hyène d'Issoire* ;

La *hyène d'Auvergne* ;

La *hyène des cavernes ;*

La *hyène rayée fossile ;*

La *hyène brune fossile ;*

Ces deux dernières espèces offrent la plus grande analogie avec les hyènes d'aujourd'hui ; les autres en diffèrent plus ou moins, surtout par la taille.

Les hyènes actuelles sont généralement de la grosseur d'un fort mâtin ; leur tête large et courte, à museau tronqué, rappelle un peu celle du boule-dogue : elles ont de gros yeux noirs saillants, des oreilles longues et droites, des mâchoires si robustes qu'il est presque impossible de leur arracher ce qu'elles tiennent dans les dents. La hyène a le corps court et ramassé,

Hyène tachetée.

le train de derrière beaucoup plus bas que celui de devant, ce qui tient à la disposition des membres postérieurs, que l'animal ploie sur eux-mêmes au lieu de les tenir relevés à la manière des autres carnassiers. Son poil est rude, de longueur moyenne, et sur son cou et son dos règne une crinière de longs poils de la nature du crin.

Comme le lynx, la hyène a été le sujet de mille contes tous plus merveilleux et plus absurdes les uns que les autres. Les auteurs anciens affirmaient que la hyène devenait alternativement mâle pendant six mois et femelle pendant les six autres mois de l'année. Ils assuraient qu'elle savait parfaitement imiter la voix humaine; qu'elle rôdait autour des bergeries pour entendre prononcer le nom du berger, puis qu'alors elle s'embusquait dans quelque fourré, pour de là, d'une voix plaintive, appeler le berger par son nom. Le malheureux, que trompaient ces gémissements et croyant voler au secours de quelque compagnon, se trouvait face à face avec une hyène, qui le dévorait.

Pour en revenir à la vérité, on a beaucoup exagéré la férocité de cet animal. La hyène est plus poltronne que sanguinaire, plus vorace que cruelle : elle se jette de préférence sur des charognes, et il faut que la faim la presse bien fort pour qu'elle attaque les autres animaux. Le jour, elle se tient cachée dans quelque caverne, d'où elle sort la nuit pour aller à la recherche de sa nourriture ou pour déterrer des cadavres dans les cimetières. Ces habitudes carnassières, l'odeur qu'elle exhale, son cri lugubre, tout contribue à faire de l'inoffensif quadrupède un objet d'effroi, et à accréditer sur lui les superstitions les plus étranges.

Le *hyénodan* (à dents de hyène), un peu plus petit que la hyène, a des formes moins ramassées que cette dernière : son train de derrière n'est pas plus bas que celui de devant, et, comme son analogue vivant, la hyène peinte du Cap, il devait posséder beaucoup d'agilité et chasser en troupes les ruminants ses contemporains.

Des ossements de *martres* et de *loutres* ont été trouvés en Auvergne ; ces animaux devaient, à l'époque tertiaire, avoir les plus grands rapports de formes et d'habitudes avec les espèces actuellement existantes.

Voici encore un quadrupède aquatique, le *trogonthérion*, très-voisin du castor, mais un peu plus grand. Ses ossements se trouvent dans les tourbières de la Somme, où il bâtissait, sans doute comme le castor, des nids au bord des eaux.

On trouve encore des débris de *lièvres*, d'*écureuils*, de *loirs,* qui diffèrent peu de nos espèces actuelles.

La mer comptait des habitants bien plus nombreux encore que la terre.

Parlons d'abord des mammifères marins qui, tout en passant dans l'eau la plus grande partie de leur vie, se trouvaient obligés de venir respirer l'air à la surface.

Ce sont d'abord les phoques.

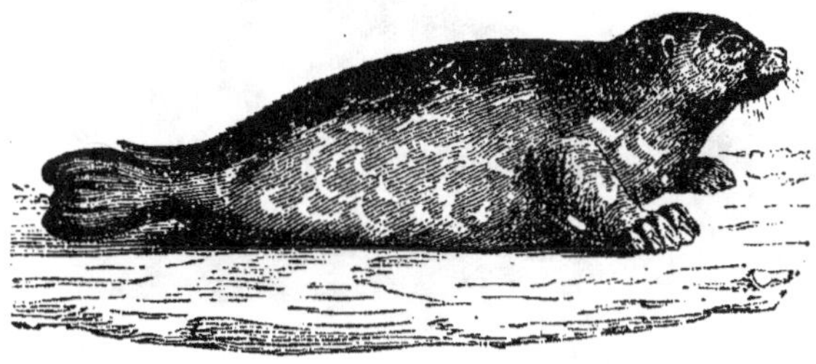

Phoque.

L'une des espèces les plus remarquables est le *calocéphale* fossile, grand phoque de quatre mètres de longueur, à corps allongé cylindrique, diminuant progressivement de grosseur depuis la poitrine jusqu'à la queue.

Ainsi que toutes les espèces de sa famille, il avait les pieds courts, plats, enveloppés par la peau, en forme de rames; ceux de derrière réunis à la queue; en un mot, l'organisation du veau marin.

Comme lui, par conséquent, il était aussi lourd et gêné à terre, que rapide et élégant au sein des eaux, où il poursuivait jusqu'au fond de leurs retraites les poissons dont il se nourrissait.

A côté du calocéphale vivait le *morse fossile* qui se tient aujourd'hui rélégué sur les bords de la mer glaciale.

Chez le morse fossile, les proportions sont moindres que celles de l'espèce actuelle.

Le morse contemporain mesure au moins quatre mètres de longueur, tandis que le morse fossile ne dépasse pas les deux tiers de cette taille.

Morse.

Par ses formes générales, il ressemble au phoque dont il a les habitudes; mais comme le smilodon, dont je vous ai parlé, il porte à la mâchoire supérieure deux énormes canines ou défenses, dirigées en bas, et qui atteignent jusqu'à cinquante centimètres de longueur.

Quant aux cétacés, une douzaine d'espèces différentes de celles qui habitent maintenant nos mers, parcouraient celles de l'époque tertiaire.

C'étaient des *marsouins;*

Des *dauphins;*

Des *baleines;*

Animaux qui diffèrent, plus ou moins, par leur squelette, de nos espèces actuelles.

Puis des cétacés singuliers, moitié dauphins, moitié cachalots, auxquels Cuvier a donné le nom de *ziphius.*

A cette époque seulement, apparaissent les *poissons malacoptérygiens* ou à nageoires molles, c'est-à-dire dont les rayons se composent de pièces osseuses articulées qui les rendent flexibles.

Tels sont :

Les *brochets;*

Les *carpes;*

Les *tanches;*

Les *cottes ;*

Les *perches;*

Les *anguilles;*

Presque tous appartiennent à des espèces différentes de celles aujourd'hui existantes, ou même constituent des genres inconnus dans nos mers actuelles.

Quant aux reptiles, ce sont toujours des *crocodiles,* des *tortues,* des *monitors,* de *grands lézards,* de gigantesques *salamandres*, comparables à celle que Scheuchzer prit pour un homme fossile.

Tous appartiennent à des genres actuellement existants pour la plupart, mais tous diffèrent par de notables modifications de forme des espèces actuelles.

CHAPITRE VINGT-SIXIÈME

TERRAINS D'ALLUVIONS, ÉTAGE DILUVIEN, LE DÉLUGE

Nous voici arrivés aux *couches sédimentaires* les plus modernes, celles qui forment les parties superficielles de l'écorce terrestre et qui sont aussi le plus universellement répandues sur nos continents.

Ces couches appartiennent à deux époques bien distinctes, quoique leurs caractères semblables tendent à les faire confondre souvent ensemble.

De là leur division en deux étages nommés :

Alluvions anciennes ou *diluvium ;*

Et *alluvions modernes.*

On doit les premières aux perturbations violentes produites par la dernière révolution terrestre, la seule dont l'homme ait été témoin et que la Bible a décrite sous le nom de *déluge.*

Les secondes, au contraire, ont simplement pour origine les actions érosives actuelles, ou qui ont eu lieu depuis les temps historiques.

Le globe présente, sur tous les points de sa surface, les traces de la grande catastrophe qui, en dernier lieu, a changé l'état de la terre.

Les mers, sortant de leur lit, ont, comme un

effroyable torrent, balayé la surface du globe, entraînant sur leur passage des masses de limon et de sables argileux mêlés de cailloux roulés et d'ossements d'animaux, les ont répandus sur toutes les plaines, en ont rempli le fond de toutes les cavernes, et obstrué les fentes de rochers.

Des blocs innombrables de toutes dimensions ont été arrachés des flancs des montagnes et transportés à des distances considérables; ils jonchent les plaines et les plateaux de l'ancien et du nouveau monde.

De puissantes empreintes, des stries, des sillons, de profondes déchirures du sol, attestent l'inondation immense qui a bouleversé la terre, et englouti les êtres vivants qui l'habitaient à cette époque.

L'examen des fossiles de la période précédente démontre que la température, quoique supérieure encore à celle que nous éprouvons aujourd'hui, s'abaissait de plus en plus.

A l'époque de *l'argile plastique* et du *calcaire grossier*, les fougères arborescentes et les cycadées avaient cessé d'exister sous nos latitudes, puisqu'on n'en trouve pas de restes fossiles parmi ces dépôts; mais on y rencontre encore, dans diverses couches, de nombreux débris de palmiers, de crocodiles et de grands pachydermes qui aujourd'hui habitent l'Afrique.

La température devait donc y avc · les plus grands rapports avec celle de l'Égypte.

La nappe de limon, de sable et de gravier qui recouvre les terrains tertiaires et à laquelle on donne le nom de *diluvium* renferme une grande quantité d'ossements fossiles de mammifères, dont les uns ont leurs congénères parmi les animaux actuellement vivants, mais dont plusieurs genres et un grand nombre d'espèces ne comptent point aujourd'hui de représentants.

Parmi ces ossements fossiles figurent des quantités considérables de débris :

D'*éléphants ;*

De *mastodontes ;*

De *mammouths ;*

Et de *rhinocéros.*

Nous avons déjà vu dans les couches précédentes, le *grand mastodonte* dont les ossements, communs en Amérique ne le sont pas moins dans diverses localités de la France.

Dans les *alluvions anciennes,* on en retrouve une nouvelle espèce, qui, au contraire des autres, se distingue par sa taille exiguë.

Le petit *mastodonte* était de moitié moins grand qu'un éléphant.

On crut longtemps que les ossements des éléphants fossiles étaient tout bonnement des squelettes d'éléphants enterrés sous le sol à l'époque de la domination romaine.

Cette opinion resta jusqu'à un certain point soutenable, tant qu'on n'en trouva qu'un petit nombre, puisque l'on sait qu'Annibal avait amené des éléphants contre les Romains, et que plus tard les Romains eux-mêmes en conduisirent dans les Gaules.

Peu à peu néanmoins les discussions soulevées, à propos de ces découvertes, attirèrent l'attention des zoologistes, et il ne fut plus permis d'admettre que ces masses d'ossements provinssent de l'armée d'Annibal ou de celles des Romains.

Cuvier rapporte avoir vu dans le val d'Arno une si grande quantité d'os fossiles d'éléphants qu'on en remplit deux chambres.

On exhume encore d'ailleurs ces ossements en grand nombre dans toute l'Europe et principalement en Allemagne et en Angleterre. On en rencontre également en Suède, en Russie, et c'est même dans le nord de ce dernier pays, si peu propre aujourd'hui à favoriser la propagation d'animaux de cette espèce, qu'on en recueille le plus. Les sables glacés de la Sibérie renferment des monceaux d'ossements fossiles.

Les habitants de cette contrée sont même tellement habitués à rencontrer sous terre de ces monstrueux débris, qu'ils ont imaginé une fable singulière pour en expliquer la présence.

Ils disent que de semblables animaux vivent encore, et que, si on ne les voit pas, c'est qu'ils habitent sous la terre, d'où ils ne sortent jamais, parce que la lumière du jour les fait mourir subitement.

Ils mènent donc le genre de vie des taupes, et c'est pour cela qu'on leur donne le nom de *mammouth*, qui signifie *souris de terre*, et qu'on appelle leurs défenses *cornes de mammouth*.

La température glacée de la Sibérie a si bien conservé les défenses fossiles qu'on les emploie aux mêmes usages que l'ivoire frais et qu'elles constituent un objet de commerce très-important pour le pays.

Quant aux Russes, depuis plus de deux siècles déjà ils savent à quoi s'en tenir sur ces restes fossiles.

« Le mammouth, dit un de leurs auteurs, est un animal du même genre que l'éléphant, hormis pour les dents qui sont plus courbées et plus serrées les unes

Squelette de mammouth.

contre les autres. On croit que les éléphants ont séjourné dans ce pays antérieurement au déluge. Dans ce temps-là, ajoute-il, l'air doit avoir été plus chaud ; le déluge les a noyés et ensevelis sous la terre. Après le déluge, l'air, auparavant très-chaud, a été pénétré par un grand froid, d'où il résulte que depuis lors ces corps, gelés dans la terre, ont été préservés de toute putréfaction. »

Cette opinion du naturaliste russe est encore aujourd'hui soutenue par beaucoup de savants ; et si je m'étends sur les ossements fossiles d'éléphants plus que sur les autres, c'est qu'ils fournissent d'importants documents pour la solution d'un problème intéressant, savoir : Quelle a été la cause physique du déluge ?

Nous reprendrons cette question plus tard. J'ai encore des choses intéressantes à vous dire sur les éléphants fossiles.

En 1799, un pêcheur Tongouse remarqua sur les bords de la mer Glaciale, près de l'embouchure de la Léna, au milieu des glaçons, un bloc informe dont il ne put reconnaître la nature.

L'année d'après il s'aperçut que cette masse semblait se dégager un peu.

Vers la fin de l'été suivant, le flanc tout entier d'un animal et une défense sortirent distinctement des glaçons.

Enfin les glaces qui formaient ce singulier amas fondirent assez la cinquième année pour qu'il échouât à la côte sur un banc de sable.

Au mois de mars 1804, le pêcheur enleva les défenses qu'il vendit cinquante roubles, sans s'inquiéter de quelle espèce d'éléphants elle provenaient.

Deux ans après, M. Adams, de l'Académie de Saint-Pétersbourg, informé à Jakutsk de cet évenement, se rendit sur les lieux. Il y trouva l'animal déjà fort mutilé.

Les jakoutes du voisinage en avaient dépécé les chairs pour nourrir leurs chiens, et des bêtes féroces en avaient pris aussi leur part. Cependant le squelette se trouvait encore entier à l'exception d'un pied de devant. L'épine du dos, l'omoplate, le bassin et les restes des trois extrémités étaient encore réunis par les téguments et par une portion de la peau. La tête était couverte d'une peau sèche, une des oreilles, bien conservée, portait une toufffe de crins. On distinguait encore la prunelle de l'œil; la cervelle desséchée garnissait le crâne; les lèvres détruites laissaient voir les mâchelières. Une longue crinière couvrait le cou, des crins noirs, d'un poil laineux et rougeâtre s'attachaient à la peau. On retira plus de quinze kilos de poils que les ours blancs avaient enfoncés en piétinant dans le sol humide, tandis qu'ils dévoraient les chairs. Les défenses, que l'on finit par retrouver et par racheter étaient d'un très-bel ivoire, recourbées en spirale et longues de plus de trois mètres en suivant les courbures. La tête sans les défenses pesait plus de deux cents kilos.

M. Adams mit le plus grand soin à recueillir ce qui restait de cet échantillon unique de l'ancienne création, et déposa le précieux monument antédiluvien à l'Académie de Pétersbourg.

Voici un dessin qui vous représente assez fidèlement ce qu'était cet animal.

Mammouth.

Remarquez surtout l'épaisse crinière et la double fourrure qui recouvrent la peau, et qui paraît si bien adaptée au climat du pays dans lequel on l'a retrouvé.

Les éléphants de nos jours qui, tous habitent les régions chaudes de l'ancien continent, ont la peau complétement nue.

En effet, une fourrure semblable à celle de leur ancêtre des régions polaires ne pourrait que les incommoder.

Dans les mêmes régions où l'on trouva le cadavre entier du mammouth, on fit une découverte non moins précieuse: celle du corps d'un rhinocéros enseveli au milieu de la glace et parfaitement conservé en chair, en os et en poils.

Il existe dans le bassin de Paris des ossements analogues à ceux de ce rhinocéros qui se distingue du rhinocéros actuel par plusieurs caractères importants: une cloison osseuse sépare ses narines, et son nez

Rhinocéros velu.

porte deux cornes très-rapprochées l'une de l'autre, dont une fort grande ; sa tête s'allonge davantage, ses

membres sont plus courts, des poils très-abondants
abritent son corps et sa peau ne forme aucun pli.

Nous ne pouvons savoir d'une manière positive
quelle était la température du nord de la Sibérie à
l'époque où ces animaux y vivaient ; mais en tout cas
ils n'ont pu exister que dans un pays dont la température favorisait une végétation capable de fournir à
leur subsistance ; en second lieu, il est bon d'observer
que l'état de conservation dans lequel on a trouvé ces
éléphants et ces rhinocéros prouve qu'ils ont dû être brusquement saisis par les glaces, puisque ces glaces ont pro-
tégé leurs chairs contre la putréfaction.

Ces animaux et ceux dont on retrouve les ossements
en si grande quantité dans le nord de la Sibérie ont-ils
vécu jadis dans ce pays ?

Leurs restes y ont-ils été transportés d'autres contrées
par les eaux ?

Tout semble résoudre affirmativement la première
de ces questions.

S'ils avaient été transportés par les eaux, ils seraient,
comme tous les corps qui subissent ce transport, usés
et brisés par le frottement au moins autant que les
cailloux roulés qu'on reconnaît si facilement pour avoir
été arrondis par l'action des vagues.

Au contraire, plusieurs de ces ossements conservent
encore attachées après eux des parties cartilagineuses.

Les animaux dont nous parlons ont donc vécu dans
les pays aujourd'hui les plus froids du globe ; mais ces
régions étaient-elles alors ce qu'elles sont maintenant ?

Non sans doute, puisque ne fournissant aucun

végétal propre à la nourriture de ces mammifères gigantesques, ceux-ci n'auraient pu y vivre.

Dès le soixante-huitième degré de latitude septentrionale, le bouleau et le frêne disparaissent ; le grand sapin et le mélèze, arbres dont le nord est cependant la patrie, rampent sous forme d'arbrisseaux sur un sol qui dégèle à peine en été. Ils n'existe pas dans ces régions un seul arbre qui mesure plus de six pieds de haut.

Quant aux animaux qui vivent sous cette latitude, l'ours blanc, le renne, le renard bleu, la nature les a pourvus d'épaisses fourrures. Enfin l'ours et le renard vivent de proie vivante, et le renne, le plus sobre des animaux, se contente du lichen et de l'herbe rare qu'il découvre sous la neige. Pouvait-il en être de même de pachydermes gigantesques dont l'organisation indique le besoin d'une abondante nourriture végétale ?

Cependant on rencontre leurs ossements jusque sous le cercle polaire et par soixante-quinze degrés de latitude nord, là où la température descend quelquefois jusqu'à quarante-cinq degrés au-dessous de zéro, et où disparaît toute trace de végétation.

Il faut donc admettre que les pays, où règne aujourd'hui une glace éternelle, n'ont pas été autrefois soumis à une température aussi rigoureuse.

Quelques naturalistes, et entre autres Buffon, ont écrit qu'un abaissement lent et graduel de température, aurait forcé les éléphants à se réfugier peu à peu vers les régions plus chaudes, et qu'abandonnant ainsi les climats qui se refroidissaient, ils se seraient, à la fin, accumulés dans les lieux où nous les voyons aujourd'hui.

Les éléphants velus du pôle seraient donc, suivant cette hypothèse, les ancêtres de nos éléphants modernes, qui, par suite du changement progressif de température, auraient, à la longue, perdu leur fourrure.

Mais il se présente de nombreuses objections à cette hypothèse :

D'abord les squelettes que l'on retrouve enfouis dans les couches glacées des terres du nord, offrent des différences notables avec ceux des races actuellement existantes, différences beaucoup plus caractérisées qu'aucune de celles que peut produire la variété du climat.

Le sol du nord de l'Amérique contient de nombreux squelettes de ces animaux ; pourquoi, si le changement de température avait été assez lent pour leur permettre de se retirer dans des pays plus chauds, ceux de ce grand continent n'auraient-ils pas échappé, comme les nôtres, à la destruction ?

Plusieurs genres d'animaux, aujourd'hui éteints, vivaient avec les éléphants fossiles.

On trouve leurs débris mêlés aux leurs, et sans doute les mêmes causes les ont fait périr.

De tous ces faits, il faut donc conclure :

1º Que les éléphants auxquels appartenaient les ossements qu'on retrouve de nos jours à l'état fossile, ont vécu jadis dans les lieux où gisent maintenant leurs débris ;

2º Que les éléphants actuels ne sont pas leurs descendants ;

3º Enfin que tout ce que l'on pourrait dire pour expliquer leur destruction par un refroidissement lent et graduel de la température est inadmissible.

On doit donc croire qu'une température plus élevée régnait autrefois à la surface du globe; mais que, par l'effet d'une révolution coïncidant avec le déluge, la température a subi une brusque altération à la suite de laquelle le froid a envahi les contrées éloignées de l'équateur, principalement les contrées voisines des pôles.

L'hypothèse, qui explique de la manière la plus satisfaisante le plus grand nombre des phénomènes géologiques et les événements du récit biblique, est celle qui attribue ces événements à un déplacement de l'axe de rotation de la terre.

Cette catastrophe, qui rentrait, sans doute, dans les plans de la providence, et qui paraît coïncider avec le soulèvement de la vaste chaîne des Cordillières, dut, en effet, comme l'indique clairement la Bible, jeter les mers hors de leur lit, et faire monter lentement les eaux qui couvrirent les continents, en même temps qu'elle changeait les conditions climatériques des diverses régions du globe.

Puis, lorsque la force qui avait fait déplacer l'axe du globe eut cessé d'agir, *les eaux*, comme le dit encore la Bible, *durent se retirer de plus en plus de dessus la terre, et aller en diminuant de plus en plus, jusqu'à ce qu'enfin la terre fût sèche.*

Revenons à nos animaux fossiles :

Il existait à l'époque qui a précédé le déluge, plusieurs espèces d'éléphants dont la plus grande était celle qu'on avait primitivement appelée *grand animal de l'Ohio,* et que ses molaires tuberculaires ont fait nommer *mastodonte.*

On en possède, en Amérique, des squelettes complets qui ne mesurent pas moins de trente pieds, depuis l'extrémité du nez jusqu'à la racine de la queue.

Quelque énorme que puisse paraître cette dimension, on possède des ossements qui appartiennent à des animaux d'une taille plus colossale encore.

Je vous ai dit que, en vertu de cette belle loi de la corrélation des formes découverte par Cuvier, tout os d'un animal quelconque, a sa conformation propre, et ne se distingue du même os d'un autre animal de la même espèce que par les dimensions.

Cette loi constitue la base de l'anatomie comparée et permet à la science de déterminer, d'après une côte, d'après une mâchoire, d'après une phalange des pattes, d'après un os quelconque enfin, l'espèce et la taille de l'animal auquel ils ont appartenu.

Le docteur Kleppstein, connu par ses travaux sur les fossiles, possède une deuxième vertèbre cervicale d'éléphant, de près d'un pied de haut sur dix pouces de large. L'animal auquel appartenait cette vertèbre devait atteindre une hauteur de vingt-cinq pieds sur une longueur de quarante-cinq; nos plus grands éléphants ne dépassent pas dix à douze pieds de hauteur.

On rencontre encore ici les hippopotames dont je vous ai parlé.

Il en existait à cette époque cinq espèces qui différaient par le nombre des dents. On n'en connaît aujourd'hui qu'une seule espèce qui devient de plus en plus rare dans les régions chaudes de l'Afrique où elle reste confinée.

Je vous ai dit qu'on avait trouvé, enseveli dans la

glace, le corps d'un rhinocéros antédiluvien avec sa chair et sa peau, et que cette peau, comme celle du mammouth, était revêtue d'une épaisse fourrure, mais dépourvue des plis profonds que présentent les espèces actuellement vivantes.

Ce qui frappe le plus dans le rhinocéros, c'est la corne volumineuse qu'il porte sur le nez. Quand on examine son squelette et qu'on cherche quelle base la nature donne à un organe d'un si grand poids, on s'aperçoit avec étonnement qu'il repose simplement sur l'extrémité des os du nez, sans s'y implanter, et que ceux-ci forment une voûte assez épaisse, il est vrai, mais sans aucun appui sur le reste du crâne.

Le rhinocéros antédiluvien, ou à narines cloisonnées, était, sous ce rapport, beaucoup plus avantageusement doué : la voûte des os du nez, séparée en deux et soutenue par une cloison osseuse, servait d'appui à la corne et lui donnait ainsi plus de solidité.

Les restes fossiles de cette espèce gisent en grande quantité dans toute l'Europe et jusque dans le bassin de Paris, avec les squelettes de cinq ou six rhinocéros fossiles plus ou moins rapprochés du rhinocéros que l'on connaît aujourd'hui.

CHAPITRE VINGT-SEPTIÈME

LE BŒUF, LE CHEVAL ET LE MOUTON

De tous les animaux de cette époque, le *cheval* présente le plus d'analogie avec les individus de son espèce actuelle; la seule différence consiste dans les dimensions des os.

Ces os appartiennent à des individus dont la taille ne dépassait pas celle d'un âne.

On trouve les ossements de ces petits chevaux dans les mêmes terrains et dans les mêmes dépôts qui contiennent les restes des éléphants et des rhinocéros.

Il existait autrefois en Europe, au rapport de Strabon, des troupes nombreuses de chevaux sauvages; elles ont disparu. Ceux de ces animaux qui vivent aujourd'hui en liberté proviennent de chevaux domestiques.

« Les Tartares, dit le naturaliste Forster, sont des pâtres qui vivent du produit de leurs chevaux ; il en est de même des Kalmouks et des Kirghises, qui ont des troupeaux de mille chevaux qui sont toujours au désert pour y chercher leur nourriture. Il est impossible de garder ces troupes nombreuses assez soigneusement pour que de temps en temps il ne se perde pas quelques chevaux qui deviennent sauvages. En voici un exemple: Dans l'expédition du czar Pierre Ier contre la ville d'Asoph, on avait envoyé les chevaux de l'armée au pâturage ; mais on ne put jamais venir à bout de les rattraper, tant ces chevaux devinrent sauvages avec le temps, et ils occupent actuellement le désert qui s'étend entre l'Ukraine et la Crimée. On donne à ces chevaux, en Russie, le nom de *tarpans*. Les Tartares et les Cosaques du Iaïk leur font la chasse pour en manger la chair. Ces chevaux sauvages marchent toujours en compagnie de quinze ou vingt, sous la conduite d'un vieux mâle. Toutes ces troupes de tarpans vivent communément dans les déserts arrosés de ruisseaux et fertiles en herbages ; pendant l'hiver, ils cherchent et prennent leur pâture sur les sommets des montagnes dont le vent a emporté la neige ; ils ont l'odorat très-fin et sentent un homme de plus d'une demi-lieue. »

On recueille en Amérique aussi bien qu'en Europe de nombreux ossements fossiles du cheval antédiluvien.

Le cheval sauvage a donc existé dans le nouveau continent ; cependant, lors de la découverte de ces contrées, il y semblait complétement inconnu, et sa vue ne contribua pas médiocrement à subjuguer les naturels par la terreur qu'elle leur inspirait.

Aujourd'hui la race chevaline est devenue plus nombreuse en Amérique qu'en aucun autre pays du monde.

Les chevaux sauvages errent librement dans les immenses prairies, ou pampas, en troupeaux parfois de plus de dix mille têtes.

Ils proviennent des étalons et des juments abandonnés par les Espagnols vers 1540.

L'extinction et la reproduction successive de la race

chevaline en Amérique est un des faits les plus curieux de l'histoire naturelle.

On a recueilli en Asie, sur le versant méridional de l'Himalaya, une espèce distincte du cheval fossile commun. Ses formes sont d'une telle élégance, sa charpente osseuse est si délicate, qu'on le prendrait pour un chevreuil, si son pied ne le rangeait pas dans la famille des solipèdes; aussi devait-il surpasser en vitesse les plus rapides coureurs.

Parmi les animaux antédiluviens qui offrent de l'analogie avec ceux de notre époque, se rangent encore les *ruminants*, si reconnaissables à leur pied fourchu.

Le premier et le plus ancien représentant de la famille est le *bœuf* qui déjà figure dans les terrains tertiaires.

La race bovine compte dans le diluvium deux espèces principales.

L'une ayant aux vertèbres dorsales des apophyses épineuses de quinze pouces de long; elles devaient

Bison.

ormer sur le dos de l'animal une bosse dans le genre de celle du bison.

L'autre, de formes plus trapues, se rapprochait de l'aurochs qui jadis habitait les forêts de la Germanie.

Le *bœuf musqué*, qui n'existe que dans les régions les plus septentrionales de l'Amérique, a laissé des débris dans l'ancien continent.

Bœuf musqué.

Cet animal semble former le passage des bœufs aux moutons. Il manque de mufle et son chanfrein se busque fortement; ses cornes très-larges, se touchent à leur base, s'appliquent ensuite sur les côtés de la tête, puis se relèvent brusquement de côté et en arrière. L'aspect général de cette espèce de très-petite taille la fait un peu ressembler à un très-gros mouton. Son pelage se compose de deux sortes de poils, comme celui de la chèvre de Cachemyr; l'un doux et laineux placé en dessous, l'autre grossier et fort long placé en dessus.

Ces bœufs se rapprochaient donc des races actuelles; mais ceux de l'ancien monde étaient cependant beaucoup plus grands. On a trouvé en Hongrie et en Italie, pays où vivent encore aujourd'hui les races à longues cornes, des cornes fossiles atteignant sept à dix pieds, tandis que chez les races actuelles, elles ne dépassent pas trois à quatre pieds.

Cependant en Abyssinie, chez une certaine race de bœufs les cornes prennent un développement si extraordinaire, qu'elles contiennent plus de vingt litres de liquide, et que les Abyssins s'en servent en guise de cruches.

Quant aux moutons, leurs traces n'existent nulle part dans le monde antédiluvien ; car ces animaux sont un produit de l'homme et non de la nature.

Le mouton est le plus timide et le plus craintif de nos animaux domestiques. Sa race entière périrait bientôt si on l'abandonnait à elle-même. Elle ne peut se passer de la protection de l'homme. Dieu ne l'a donc pas créée telle que nous la voyons aujourd'hui. Dégénérée entre nos mains, elle a peu à peu perdu tous ses instincts naturels.

Néanmoins dans les montagnes de la Grèce, de la Corse et de l'Espagne, vivent des moutons ou béliers sauvages d'une nature bien différente de celle de nos moutons domestiques. Plus grands, plus vigoureux, légers et rapides comme le cerf, ils portent, au lieu de laine, un poil soyeux ; ils se servent de leurs cornes et de leurs pieds pour leur défense, et ne craignent ni l'inclémence de l'air ni la voracité du loup.

On donne à ce bélier sauvage le nom de *mouflon* ; et l'on retrouve ses os ou du moins les os d'une espèce très-voisine dans les dépôts diluviens.

CHAPITRE VINGT-HUITIÈME

LA CHÈVRE.

Les débris fossiles des chèvres et des antilopes se retrouvent dans les terrains diluviens, comme les débris des bœufs et des mouflons. Ils diffèrent très-peu du squelette de la chèvre et de l'antilope modernes.

Fréquemment leurs os se confondent avec ceux des carnassiers qui en faisaient leur proie, et portent encore les traces des dents de leurs meurtriers, surtout dans les cavernes qui ont servi de repaire aux animaux féroces.

En outre de ces cavernes, il en existe d'autres dont le sol offre, réunis comme en un vaste cimetière, les restes des animaux les plus éloignés de mœurs et d'organisation.

Tous sans doute y ont péri de la même mort, surpris et noyés par les eaux.

Lss cavernes à ossements fournissent des documents précieux sur l'histoire du règne animal antédiluvien.

Elles ne consistent pas, comme on pourrait le croire, en de simples cavités creusées dans le rocher à quelques pieds de profondeur, mais elles se composent de grottes nombreuses, de hauteur et de largeur variables, com-

muniquant les unes avec les autres par des ouvertures
étroites, et revêtues de stalactites de toutes les formes.
Elles s'étendent souvent à des distances considérables,
comme par exemple les grottes d'Adelsberg en Carniole,
qui s'enfoncent dans la montagne sur une longueur de
plus de douze kilomètres.

Le sol de ces cavernes est ordinairement un limon
épais et ferme, de couleur rougeâtre, rempli de cailloux auxquels se mêlent d'innombrables ossements
d'animaux de tout genre, carnassiers et herbivores. On
remarque, dans le plus grand nombre de ces cavernes,
qu'il n'existe de débris d'animaux, que si une croûte
de *stalagmites* recouvre le sol.

On nomme *stalactites* et *stalagmites* des concrétions

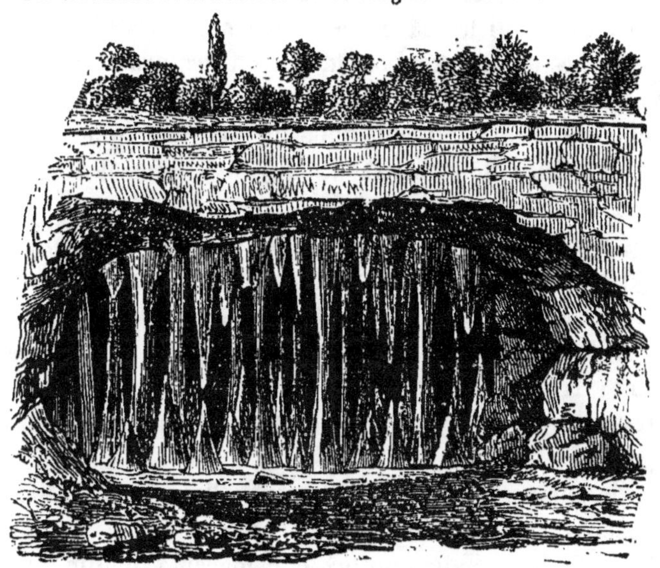

Caverne à Stalactites et à Stalagmites.

qui se forment dans les cavernes des montagnes calcaires.

Les *stalactites* s'attachent au plafond, où elles pendent en forme de grappes : elles résultent du dépôt de matières calcaires apportées par les eaux qui suintent à travers la voûte. La portion de calcaire restée encore dans ces eaux, lorsqu'elles tombent sur le sol, s'y dépose et forme les stalagmites, qui tantôt s'élèvent en petits monceaux coniques directement au-dessous des *stalactites*, et tantôt (quand les gouttes d'eau qui tombent du plafond sont plus uniformément réparties), en couches qui recouvrent tout le plancher de la caverne.

Là où manque la croûte manquent aussi les ossements fossiles.

On en conclut que, dans les cavernes dépourvues des stalagmites, les ossements se sont détruits.

On cite parmi les cavernes à ossements les plus célèbres celles de Blankenbourg, dans l'électorat de Hanovre, en Carniole. Nous possédons en France les grottes d'Echenoz et de Jouvent dans la Haute-Saône, de Sauvignargues dans le Gard, de Bise dans l'Aude, d'Osselles dans le Doubs.

Les animaux dont on trouve les ossements en plus grand nombre dans ces grottes, appartiennent à des hyènes et à la grande espèce d'ours connue sous le nom d'*ours des cavernes*.

On y recueille encore des ossements de tigres, de loups, de renards, de martres, de gloutons, représentant les carnassiers ;

Et de chevaux, de bœufs, de cerfs, d'éléphants et de rhinocéros, représentant les herbivores.

On reste étonné du nombre considérable d'animaux entassés dans ces cavernes.

La seule grotte de Gailenreuth, en Bavière, a fourni plus de mille squelettes complets d'*ours*, sans compter des centaines d'hyènes et de loups.

La caverne d'Osselles, sur la rive du Doubs, à cinq lieues de Besançon, remarquable et par son étendue et par les magnifiques stalactites qui la décorent, présente un phénomène singulier: elle ne contient que des squelettes d'ours.

On en a retiré déjà quatre grandes charretées d'ossements, qui tous appartiennent à la grande ou à la petite espèce de l'*ours des cavernes*.

Ours des cavernes.

Il est singulier que l'ours, dont les habitudes sont solitaires, fournisse cette quantité extraordinaire d'ossements. Sans doute tous ces animaux ont été poussés dans la caverne par une inondation.

Des voyageurs, témoins de l'incendie d'une des immenses prairies de l'Amérique du Nord, s'accordent à raconter que des milliers d'animaux, frappés d'épouvante, fuient, sans distinction d'espèce, devant cette inondation de feu. Ours, loups, renards, jaguars, pêlemêle avec les chevaux, les buffles, les cerfs, les lapins, sans rien craindre les uns des autres, et dominés exclusivement par le sentiment du danger commun, se réfugient à l'envi dans les fondrières, les ravins, les fentes des rochers et les grottes.

On comprend donc sans peine que l'immense inondation qui a couvert les continents ait pu, dans un moment donné, amener des milliers d'animaux au fond des cavernes où les ont bientôt ensevelis la vase et le limon qu'entraînaient les eaux.

Longtemps après, les pluies, en pénétrant à travers les roches et en entraînant avec elles la matière calcaire, ont tapissé les cavernes de stalactites, et recouvert le limon d'une couche de tuf.

Parmi les carnivores antédiluviens, un des plus formidables a dû être cet ours des cavernes dont on retrouve les ossements en si grande quantité. On en possède des squelettes complets, longs de neuf pieds et hauts de six, taille supérieure même à la taille de l'ours blanc, et de l'ours gris des montagnes Rocheuses de l'Amérique du Nord.

Ce dernier, le plus grand et le plus féroce des espèces actuellement existantes, mesure communément huit pieds de longueur; de longs poils, d'un gris blanchâtre, couvrent son corps, et des griffes énormes arment ses pieds. Son agilité égale sa force prodigieuse; sa cruauté

surpasse celle de tous les animaux : aussi est-il la terreur des contrées qu'il habite.

A en juger par ses griffes et ses dents, l'ours des
cavernes devait posséder une force égale à celle de
l'ours gris.

CHAPITRE VINGT-NEUVIÈME

LES RUMINANTS

Comme je vous l'ai dit, tous les ruminants ont le pied fourchu ; tous, si l'on en excepte les chameaux, manquent de dents incisives à la mâchoire supérieure, et les remplacent par un bourrelet cailleux ; tous ont quatre estomacs, et la singulière faculté de ramener dans la bouche, après une première déglutition, leurs aliments, qu'ils mâchent une seconde fois.

Tels sont leurs caractères communs. Voici les caractères différentiels qui les font répartir par les naturalistes en trois sections :

La première section renferme ceux de ces animaux qui portent des cornes creuses, d'une substance transparente, et prenant racine dans des tubercules osseux en saillie au-dessus du front.

Tels sont les bœufs, les chèvres, les moutons, les antilopes.

La seconde section comprend les ruminants dont les cornes ne sont pas creuses, mais pleines, d'une substance blanche, opaque, revêtues d'une écorce rude communément colorée en brun, et le plus souvent ramifiées.

Tels sont les cerfs.

Enfin, la troisième section embrasse les ruminants privés de cornes, comme les chameaux, les lamas, les chevrotains.

Quelque grand que soit le nombre des ossements fossiles laissés dans les couches diluviennes par les ruminants à cornes creuses (bœufs, chèvres, mouflons, antilopes), le nombre des débris fossiles des ruminants à cornes pleines le dépasse encore.

Il fallait, en effet, une proie abondante pour satisfaire à la voracité des nombreux carnassiers qui vivaient à cette époque, et dont les immenses amas de squelettes remplissent les cavernes à ossements.

Les débris que l'on retrouve en plus grand nombre sont les cornes de *cerfs*.

Cela se comprend facilement, puisque ces bois tombent tous les ans.

Plusieurs espèces de *cerfs* et de *daims*, très-voisines de nos races actuelles, sinon identiques, mais généralement d'une taille plus élevée, vivaient à cette époque.

Le *cerf géant*, dont les débris abondent en Irlande, était d'un tiers au moins plus grand que nos plus grands cerfs. Il laisse ses os accumulés par monceaux dans un espace restreint, surtout dans les tourbières, comme si des troupeaux entiers eussent péri au même instant.

Les bois du cerf géant affectent la forme des bois de l'élan. A empaumure supérieure très-élargie, ils ont communément de cinq à six pieds de long, et ils divergent tellement que, mesurés d'une extrémité à l'autre, ils présentent un écartement de dix à douze pieds.

Le crâne, avec les bois, pèse de trente-cinq à quarante kilogrammes.

Cerf gigantesque.

On les retrouve généralement très-bien conservés, parce que le bitume de la bourbe, auquel ils doivent une teinte noirâtre, les préserve de la décomposition.

Les riches propriétaires irlandais ornent de ces bois leurs pavillons de chasse. Dans certaines localités, on en voit dans toutes les maisons.

Chez toutes les espèces actuelles du genre cerf, le mâle seul porte des bois; la femelle du renne fait seule exception à cette règle.

Dans l'espèce éteinte du *cerf géant*, la tête de la femelle s'en trouve également parée.

Voici comment on parvient à le constater :

Dans les têtes fossiles, on reconnaît le sexe de l'animal

à la conformation du râtelier ; le mâle a dans la mâchoire supérieure des dents canines qui manquent chez la femelle.

Or, comme on trouve des têtes de cerfs géants sans dents canines et avec des bois, on en conclut, d'après l'analogie du renne, que la femelle du cerf géant portait des bois.

Probablement, l'espèce du *cerf géant* a survécu au déluge et sa destruction universelle remonte peut-être aux premiers chasseurs irlandais. La découverte, dans une tourbière, de la peau d'un *cerf géant* sans le squelette, vient à l'appui de cette opinion, et démontre évidemment que cette peau a été dépouillée par un chasseur.

On conserve au musée de Dublin une côte de cerf géant percée par une flèche.

Le renne, aujourd'hui confiné dans les régions boréales, vivait alors dans des pays beaucoup plus méridionaux.

Des bois fossiles, des ossements, des pieds, des dents, des vertèbres existaient dans plusieurs parties de l'Allemagne, ainsi qu'en France, dans la vallée de la Somme, et aux environs d'Etampes.

Le *renne* porte des bois comme le daim, mais à andouillers aplatis ; il atteint à la grandeur du cerf, mais ses jambes sont plus courtes et plus grosses.

Cet animal est, pour les hommes qui habitent près du pôle, un don précieux de la nature, et l'on peut presque dire que sans lui ces hommes ne sauraient vivre au milieu de ces contrées glacées.

Le renne sert à la fois de bête de somme, de trait et de boucherie.

Les Lapons, qui en élèvent de nombreux troupeaux, l'attèlent à de légers traîneaux qui leur servent à traverser avec une rapidité incroyable les plaines couvertes de neige.

Sa chair, fraîche ou salée, est fort bonne; la femelle fournit un lait excellent; on fabrique avec sa peau des vêtements, des couvertures, des sacs, des harnais et même des canots, tandis que ses tendons fournissent des cordes et du fil, et ses cornes et ses os une foule d'ustensiles. Pas une seule de ses parties ne reste inutile.

Dans les mêmes régions, où l'on trouve les débris du renne fossile, se rencontrent les débris de l'*élan*.

L'élan est aujourd'hui le plus grand des cerfs. Sa taille dépasse quelquefois celle du cheval, dont il a le museau renflé ; ses bois, sans andouillers, se terminent par une grande empaumure digitée à son bord externe, et il vit en troupes dans le nord de l'Amérique et de l'Asie.

On retrouve à l'état fossile les ossements du *cerf commun* et du *cerf du Canada* mêlés à ceux du *cheval* et des autres ruminants, ainsi que les débris de petits *chevreuils* assez voisins de nos espèces actuelles.

Parmi les ruminants sans cornes du monde antédiluvien, on connaît deux espèces de *chameaux* : l'un à une bosse, c'est le dromadaire commun ; et l'autre à deux bosses, offrant peu de différence avec l'espèce actuellement vivante.

Ces deux animaux ont laissé leurs traces dans le midi de la France ; aujourd'hui, ils vivent dans le nord de l'Afrique et dans l'Asie centrale.

Le *chevrotain-musc* vivait également à cette époque en France.

Ce petit ruminant sans cornes se distingue par les deux longues dents canines qui lui sortent de la mâchoire supérieure comme deux défenses, et par la bourse qu'il porte au-dessous du nombril, et des parois de laquelle suinte une humeur odorante, connue dans la parfumerie, sous le nom de *musc*.

Il n'existe plus aujourd'hui que dans les hautes montagnes de l'Asie. Ses mœurs ressemblent aux mœurs du chamois, dont il possède l'agilité ; il bondit comme lui de rocher en rocher et court sur les pentes les plus rapides. Sa taille égale à peine celle d'un chevreuil ; ses jambes sont d'une finesse extrême, sa queue à peine visible, son poil brun, rude et cassant.

Plusieurs *antilopes* d'espèces particulières habitaient également la France à l'époque antédiluvienne.

CHAPITRE TRENTIÈME

LES RONGEURS

A côté des os gigantesques d'éléphants de trente pieds de longueur gisent souvent les débris d'une petite *souris* dont dix couples auraient tenu dans un seul sabot du mastodonte.

Cette espèce, qui ressemble à notre mulot ou petit rat des champs, a laissé son squelette par masses considérables sur certains points du terrain diluvien, et surtout dans les brèches ou crevasses des rochers, parmi le limon et les cailloux roulés. On y rencontre également les ossements d'une espèce de *rat* voisine de notre rat d'eau.

Sur les bords du Rhin on exhume les restes fossiles d'une autre espèce de rat qui vit encore de nos jours dans ces contrées : c'est le *hamster*.

De la taille du rat commun, le hamster s'en distingue par sa queue très-courte et velue et par les abajoues ou larges poches creusées dans l'épaisseur des joues, et qui lui servent à loger les provisions qu'il ramasse pour approvisionner son terrier.

Son pelage est d'un gris roussâtre en dessus, noir en dessous, et par conséquent plus foncé en dessous qu'en dessus, au rebours des autres quadrupèdes. Des taches blanches ornent les flancs et la gorge.

Ce rongeur, l'un des plus nuisibles que l'on connaisse, vit isolé, dans un terrier très-habilement construit.

L'entrée de ce terrier, en forme de long boyau, conduit à un premier magasin sphérique d'environ un pied de diamètre, qu'il remplit de graines pour l'hiver, car il ne s'engourdit pas comme le loir.

De cette espèce de grenier partent trois ou quatre autres conduits perpendiculaires, qui aboutissent à autant de caveaux particuliers, plus ou moins spacieux, remplis l'un après l'autre de racines et de graines que le hamster apporte dans ses abajoues.

Il réserve un caveau, dans lequel il ne transporte que du foin, pour y loger sa famille.

La femelle fait trois ou quatre portées par an, de six à dix petits chacune, de sorte que, malgré la guerre acharnée qu'on déclare au hamster, cet animal pullule et devient un véritable fléau pour l'agriculture.

Le *lagomys*, dont le nom, tiré du grec, signifie *lièvre-rat*, et qui forme en effet le passage entre les rats et les lièvres, se rencontre à l'état fossile dans les dépôts diluviens de tout le littoral de la Méditerranée, en Espagne, en France, en Italie.

Cet animal, dont l'espèce existe encore de nos jours, n'habite que les montagnes élevées de la Sibérie, sur la lisière des neiges. Il faut donc ou que la température des régions qu'il habitait autrefois ait bien changé, ou que l'organisation du lagomys se soit considérablement modifiée depuis lors.

Comme le hamster, le lagomys vit solitaire dans un terrier ou dans un trou de rocher, et, comme lui aussi, il amasse d'abondantes provisions pour l'hiver.

Il choisit et coupe des herbes odorantes, qu'il fait sécher avec le plus grand soin ; puis il les façonne en meules qui atteignent parfois jusqu'à un mètre de hauteur. Les rares habitants des contrées qu'habitent les lagomys l'épargnent grâce à ces meules. Leurs terriers sont tellement nombreux qu'ils fournissent suffisamment de foin à la nourriture du bétail pendant tout l'hiver.

Parmi les rongeurs fossiles antédiluviens , on remarque encore des *écureuils*, des *marmottes*, des *lapins*, un *cobaye*, un grand *porc-épic* et des *castors*.

On recueille leurs débris en Russie, en Allemagne, en France et en Amérique.

L'Amérique est la seule contrée où les castors vivent aujourd'hui.

Les castors se distinguent de tous les autres rongeurs par leur queue aplatie horizontalement, de forme presque ovale et couverte d'écailles. Leurs pieds se divisent en cinq doigts garnis d'ongles en gouttière ; les doigts de derrière se réunissent jusqu'à l'ongle par une membrane comme dans les pattes des oiseaux palmipèdes ; aussi les pattes et la forme de leur queue les rendent-elles d'habiles nageurs.

Leurs incisives ou dents de devant, très-longues et très-fortes, repoussent de la racine à mesure qu'elles s'usent à leur extrémité. Ces dents, revêtues en avant d'une couche d'émail très-dur, et dont le bord postérieur s'use plus vite que l'antérieur, sont taillées en biseau. Ces animaux se servent de ces ciseaux naturels pour couper toute sorte de bois, même le plus dur. Leurs yeux sont très-petits ; leurs oreilles ne s'ouvrent que par une étroite conque externe qu'ils reployent au besoin sur elle-même, de manière à boucher hermétiquement le conduit auditif ; leurs narines possèdent la même propriété de se fermer. Leur corps, lourd et ramassé, couvert d'un poil court et épais, constitue des animaux faits pour vivre dans l'eau, et ils y passent en effet la plus grande partie de leur vie.

Le castor du Canada, dont la race diminue de jour en jour et finira bientôt par s'éteindre, est haut de trente à trente-cinq centimètres, et long de soixante à soixante-dix, sans compter la queue. Son pelage affecte une couleur d'un brun roussâtre ou noirâtre.

L'espèce fossile atteignait des proportions un peu plus considérables.

Vous avez sans doute entendu parler de l'admirable industrie que déploie le castor d'Amérique dans la construction de sa demeure : probablement les instincts de l'espèce perdue n'étaient pas moins merveilleux.

Réunis au nombre de cent cinquante à deux cents, les castors, vers les mois de juillet ou d'août, s'occupent d'abord à choisir un endroit convenable pour s'y établir.

Ils s'arrêtent autant que possible à un cours d'eau qui puisse supporter le flottage des matériaux nécessaires à leurs constructions.

Leur choix fait, ils travaillent à barrer la rivière, afin d'obtenir un niveau constant, et, dans ce but, ils construisent une digue.

A l'aide de leurs puissantes incisives, ils rongent à trente ou quarante centimètres au-dessus du sol le tronc d'un très-gros arbre, et savent toujours diriger la chute de cet arbre de manière à le faire tomber en travers du cours d'eau.

Cette première poutre sert de point d'appui aux travaux subséquents.

Les castors abattent ensuite d'autres arbres plus petits, les ébranchent, les traînent à la rivière, en dirigent le flottage jusqu'aux lieux où ils doivent les employer, et là ils les plantent verticalement contre le premier tronc d'arbre. D'autres castors apportent des branches flexibles et les entrelacent aux pieux verticaux ; puis ils en bouchent tous les interstices avec de la terre qu'ils gâchent à l'aide de leurs pieds et qu'il battent avec leur queue. Plusieurs rangs de pilotis s'élèvent successivement l'un devant l'autre, et la digue acquiert parfois trois mètres d'épaisseur si la force du courant le nécessite.

Ces admirables travaux ne résultent pas d'un simple instinct, car si les castors trouvent un lac à niveau constant, ils ne songent point à bâtir une digue et procèdent immédiatement à la construction de leurs huttes.

Ces huttes, bâties sur pilotis près du bord et à peu près rondes, se divisent en deux étages et se terminent en dôme : leur grandeur varie de deux mètres à deux mètres et demi de diamètre ; les murs en sont très-épais.

Chacune de ces huttes loge une famille, composée le plus souvent du mâle, de la femelle et de leurs petits. Des deux étages, l'inférieur communique avec l'eau par une galerie, et sert de magasin. Les castors y placent les écorces et les tiges tendres destinées à leur fournir les provisions d'hiver ; l'étage supérieur compose la véritable habitation, et les castors le tiennent toujours très-propre.

Les castors se séparent au printemps et vivent solitaires pendant l'été ; ils se creusent alors des terriers.

Il existait autrefois en France, sur les bords du Rhône, quelques rares castors qui vivaient toujours solitaires ; probablement le voisinage de l'homme les empêchait de bâtir.

La chasse active que l'on fait en Amérique à ces animaux depuis près de deux siècles en diminue beaucoup le nombre ; on ne les rencontre plus guère que dans les contrées désertes du nord-ouest.

CHAPITRE TRENTE ET UNIÈME

LES ÉDENTÉS FOSSILES

Dans cette causerie, où nous passons en revue les animaux ensevelis sous la vase de l'inondation diluvienne, je ne vous ai parlé jusqu'à présent que des espèces analogues à celles qui vivent encore.

On trouve cependant dans les couches du diluvium les restes de plusieurs animaux perdus qui ne le cédaient en rien aux plus étranges créations des périodes précédentes.

Tels sont le *mégathérion*, le *mylodon*, le *mégalonyx*, le *macrothérion*, l'*hoplophore*, le *glyptodon* et le *schistopleuron*.

Ces animaux se rapportent à la classe des *édentés*. On les appelle *édentés*, non parce qu'ils manquent complétement de dents, comme leur nom pourrait le faire croire, mais parce qu'ils manquent des incisives et des canines, d'après lesquelles les naturalistes classent généralement les mammifères.

Les trois premiers, c'est-à-dire le *mégathérion*, le *mylodon* et le *mégalonyx,* se distinguent par une conformation particulière qui les rapproche des *paresseux* ou *bradypes.*

Les bradypes, qui habitent exclusivement aujourd'hui les parties chaudes de l'Amérique, doivent leur nom de *paresseux* à une excessive lenteur, conséquence de leur structure.

Leur tête est arrondie et leur museau très-court; leurs bras dépassent presque le double de la longueur de leurs jambes, et leurs doigts, réunis ensemble sous la peau, ne se manifestent au dehors que par d'énormes ongles comprimés et crochus. La largeur de leur bassin et la direction de leurs cuisses sont tellement portées sur le côté, qu'ils ne peuvent rapprocher leurs genoux; enfin la disproportion des membres antérieurs avec les postérieurs les force à se traîner sur les coudes lorsqu'ils veulent marcher.

En revanche, ils grimpent facilement, et ils se tiennent presque constamment sur les arbres, dont ils mangent les feuilles.

Le poil qui recouvre leur corps est épais et grossier et ressemble à de l'herbe fanée.

On en connaît deux espèces actuellement vivantes : le paresseux à trois doigts ou *aï*, dont la taille ne dépasse pas celle du chat; et le paresseux à deux doigts ou *unau*, de moitié plus grand que l'aï.

De nombreux caractères distinguent les paresseux antédiluviens des paresseux qui existent aujourd'hui.

Les derniers sont de petite taille, les premiers figurent parmi les animaux gigantesques.

De tous les édentés fossiles, le *mylodon* (*dent meule*), dont on a exhumé le squelette aux environs de Buénos-Ayres, offre le plus de rapport avec les bradypes.

De la taille d'un rhinocéros, ses membres massifs,

sa queue très-large, soutenue par d'énormes vertèbres, devaient facilement supporter le poids du corps lorsqu'il se hissait contre le tronc des arbres pour atteindre le feuillage dont il se nourrissait sans doute.

En outre, la conformation de ses membres indique un animal peu propre à la marche et très-apte au contraire à grimper.

La plante du pied, relevée du côté intérieur, ne pouvait se poser à plat sur la terre, tandis qu'elle s'appliquait tout entière sur le tronc, auquel il se retenait à l'aide des ongles. On ne peut néanmoins s'empêcher de se demander s'il existait à cette époque beaucoup d'arbres capables de supporter une pareille masse.

Le mégathérium (*grand animal*), dont les débris ont été recueillis dans les alluvions anciennes de l'Amérique, du Sud, est un animal lourd et massif, de la

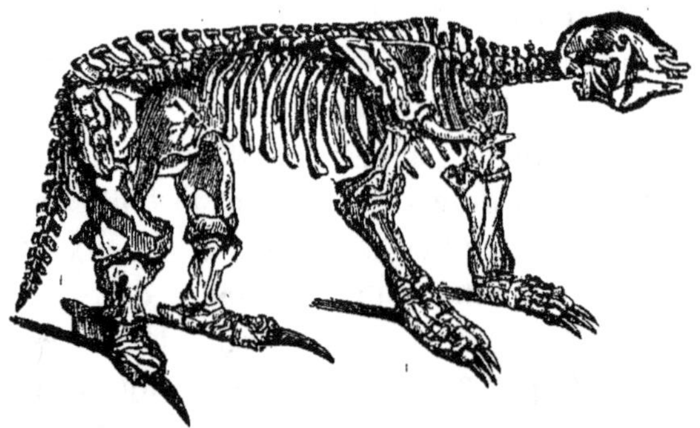

Squelette du mégathérium.

taille d'un éléphant. Sa tête, qui se rapprochait à plusieurs égards de celle des paresseux, en diffère par un museau très-développé et même par une sorte de trompe plus courte que celle de l'éléphant et assez voisine de celle du tapir.

Chez l'éléphant, la longueur de la trompe s'explique par l'extrême brièveté du cou; mais chez le mégathérium, où le cou est long et la tête bien détachée des épaules, un pareil développement eût été plus incommode qu'utile. La mâchoire inférieure, très-grande, loge d'épaisses dents merveilleusement disposées pour broyer les racines que l'animal arrachait au moyen des grands ongles qui arment trois des cinq doigts de son énorme main.

La disposition des os du bras et de l'avant-bras, assez légers, mais mus par des muscles puissants, permettait à ces mains des mouvements très-variés.

Les membres postérieurs, au contraire, paraissent lourdement charpentés.

Tout, dans leur disposition et dans leur mode d'union avec le bassin, est calculé pour soutenir avec avantage la lourde masse du corps.

Probablement, d'ailleurs, lorsque le mégathérium se tenait en repos, il prenait un point d'appui sur sa queue, très-longue et très-grosse.

Les premières vertèbres caudales mesurent six pouces de diamètre et sont garnies d'apophyses très-fortes qui donnent attache à des muscles vigoureux.

La queue, garnie de ses chairs et de sa peau, devait avoir, près de sa base, au moins deux pieds de diamètre.

Ces dimensions énormes ne sont pas d'ailleurs hors de proportion avec les autres parties du corps, car le fémur ou os de la cuisse n'a pas moins d'un pied d'épaisseur, c'est-à-dire près de trois fois la grosseur de celui de l'éléphant.

Ces pieds énormes sont obliques ; ceux de devant possèdent cinq doigts, dont deux enveloppés dans la peau ; les trois autres, fort gros et armés d'ongles prodigieux, semblent propres à fouiller la terre.

Les pieds de derrière présentent beaucoup d'analogie avec les pieds des paresseux, mais ils n'ont qu'une seule griffe, énorme à la vérité, puisqu'elle mesure un pied de longueur et quatre pouces de diamètre à la base.

On a cru pendant longtemps le corps du mégathérium recouvert d'une carapace, comme le corps des tatous ; mais on a reconnu depuis que les plaques écailleuses qu'on lui attribuait se rapportent à une tout autre espèce.

Mégathérium

Évidemment, le mégathérium ne montait pas sur les arbres, et probablement il ne se creusait pas de terrier souterrain, ainsi que la plupart des autres édentés. Sans doute, il habitait les cavernes et les antres des rochers.

Sa taille colossale et ses griffes puissantes lui fournissaient des moyens suffisants de défense.

Enfin, il fouissait la terre avec ses ongles pour en tirer les racines dont il faisait sa nourriture habituelle.

Le *mégalonyx* (*grand ongle*), dont on trouve les restes dans les alluvions anciennes des deux Amériques, a été décrit pour la première fois par Jefferson, l'ancien président des Etats-Unis, qu'avertit de la découverte des ossements de cet animal Washington lui-même.

On aime à retrouver dans les sciences le nom de ces hommes qui ont joué un si grand rôle dans l'histoire de leur patrie.

Le mégalonyx, dont la taille dépasse celle d'un bœuf, ressemble au mégathérium ; mais ses dents, cylindriques comme celles des tatous, semblent indiquer que, comme ces derniers, il s'accommodait à l'occasion d'une nourriture animale. Sans doute, lorsqu'en fouissant pour chercher des racines charnues (car il n'en pouvait pas broyer d'aussi dures que le mégatherium), il venait à déterrer quelque reptile, il ne manquait pas d'en faire sa proie.

Les animaux de l'ordre des édentés qui se rapprochent le plus des bradypes sont les tatous, également herbivores, mais non grimpeurs.

Les tatous se distinguent entre tous les mammifères par la cuirasse écailleuse et dure, composée de compartiments, qui recouvre leur tête, leur corps et souvent leur queue.

Cette cuirasse forme un bouclier sur le front, un second très-grand et très-convexe sur les épaules, et un troisième, semblable au précédent, sur la croupe. Entre les deux derniers plusieurs bandes parallèles et mobiles donnent au corps la faculté de se ployer, et même, dans certaines espèces, celle de se rouler en boule comme les cloportes.

Les tatous ont de longues oreilles, de grands ongles propres à fouiller la terre, le museau pointu, et les mâchoires garnies de mâchelières cylindriques, mais sans incisives ni canines.

Ils habitent les parties chaudes de l'Amérique, creusent des terriers, et vivent de végétaux.

Le plus grand des tatous actuellement existants, et qui a reçu le nom de *tatou géant*, atteint un mètre de longueur ; la taille des autres espèces varie entre quinze et quarante centimètres.

On connaît des espèces fossiles de tatous nombreuses et variées, et toutes gigantesques, comparées aux espèces actuelles.

Tel est le *hoplophore* (qui porte une armure) dont on rencontre fréquemment les plaques hexaèdres ou à six

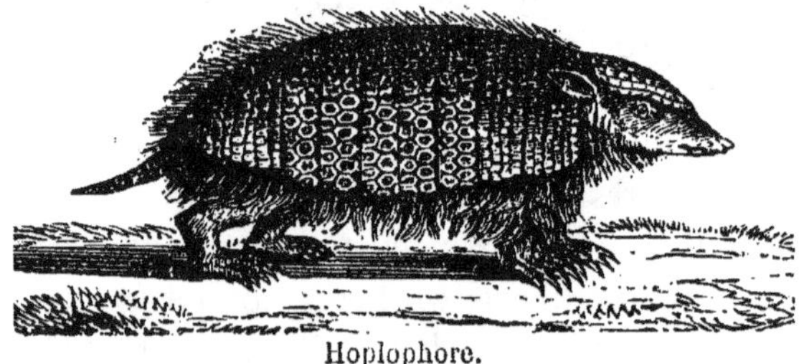

Hoplophore.

pans, et les ossements, disséminés dans la glaise et le limon des alluvions anciennes.

La tête du tatou est petite en proportion de son corps ; or, le naturaliste voyageur Darwin a trouvé une tête de tatou fossile de la grosseur de celle d'un hippopotame. Jugez de ce que devait être la taille de l'animal !

Le *glyptodon* (dents sculptées), long de sept à huit pieds, avait le corps entièrement enveloppé d'une carapace énorme composée d'un grand nombre d'articles osseux solidement unis les uns aux autres de manière à n'offrir rien de la mobilité des cuirasses des tatous vivants.

Ces articles ou osselets portent au centre une éminence circulaire entourée de cinq ou six disques plus petits, qui garnissent tout autour la carapace de tubercules de grosseur inégale.

La queue, énorme massue, s'entoure de plusieurs osselets intimement unis entre eux de façon à former, aux vertèbres qui la composent, un manchon inflexible.

Glyptodon.

Une sorte de casque aplati, en plaques articulées, protége le dessus de la tête du glyptodon ; des ongles puissants, propres à fouiller la terre, arment ses robustes pieds de devant.

Les pangolins de l'Inde sont des édentés voisins des tatous d'Amérique, dont ils diffèrent par le manque absolu de dents, et par leur corps couvert, non plus d'une cuirasse, mais de grosses écailles tranchantes imbriquées à la façon des tuiles d'un toit.

Lorsqu'ils craignent quelque danger, ils relèvent ces écailles et se mettent en boule comme le hérisson. Leur museau allongé se termine par une petite bouche d'où sort une langue très-étroite et très-extensible qui pénètre dans les nids de fourmis et de termites. Cette langue, enduite d'une salive visqueuse, retient les insectes, que l'animal avale en retirant la langue dans sa bouche.

Les pangolins sont en outre armés d'ongles qui leur servent à creuser les tanières, où ils demeurent cachés presque tout le jour, et à effondrer les fourmilières.

Un os de forme singulière supporte chacun de ces ongles. Sa partie antérieure présente une entaille profonde, une sorte de fente; on ne voit cette phalange chez aucune autre espèce de mammifère.

Pangolin

Or, on n'a trouvé aucun squelette fossile de pangolin, mais seulement une phalange onguéale énorme, qui a dû appartenir à un pangolin gigantesque ; car, d'après les proportions voulues, cette espèce mesurerait huit mètres de longueur au moins. Cuvier, qui, le premier, a déterminé cet os unique, a baptisé l'édenté géant auquel elle appartenait, du nom de *macrotherion*, qui signifie *gros animal.*

Les alluvions du Brésil contiennent les restes d'un fourmilier très-voisin du tamanoir, qui vit aujourd'hui dans les mêmes contrées ; seulement l'espèce fossile dépassait deux fois la taille de l'espèce contemporaine.

Le tamanoir lance hors de sa bouche étroite, comme comme celle du pangolin, une langue à peine de la grosseur d'un tuyau de plume à écrire et longue d'un

Tamanoir.

demi-mètre. Son corps, de la taille d'un mâtin, a quatre pieds de longueur, non compris la queue, qui en a trois environ. Son poil, grossier mais bien fourni, garnit la queue de crins touffus qui la font ressembler à un énorme panache de couleur brune. Il porte une ligne oblique noire bordée de blanc sur chaque épaule. Ses pieds de devant se terminent par quatre doigts munis d'ongles forts et tranchants, ceux de derrière par cinq doigts à ongles médiocres. Lorsqu'il marche, ces ongles se reploient en dedans et s'appuient contre une callosité de la paume, ce qui le force à ne poser le pied que sur le tranchant extérieur.

Le tamanoir dort presque tout le jour, et se retire dans quelque fourré; vers le soir, il se met en quête des fourmis et des termites, qui constituent sa principale nourriture.

Les termites sont une sorte de grosses fourmis blanches qui bâtissent des cônes de terre, hauts parfois de plus d'un mètre et larges à proportion. Leurs habitations offrent tant de solidité, qu'on a souvent beaucoup de peine à les entamer avec une pioche ou un pic.

Quand le tamanoir rencontre un de ces cônes, il en fait deux ou trois fois le tour avec attention pour reconnaître l'endroit faible de l'édifice, puis il y creuse un petit trou avec les ongles de ses pieds de devant. Il introduit ensuite le bout de son museau par cette ouverture, allonge sa langue enduite d'une salive visqueuse et gluante et la promène dans tous les sens en la tortillant comme un ver de terre; lorsqu'il la sent couverte des termites qui y restent fixées, il la retire tout à coup et avale les insectes.

Le tamanoir se défend courageusement à l'aide de

ses griffes, même contre le jaguar; mais lorsqu'on ne l'attaque pas, c'est un être doux et paisible.

La femelle ne fait qu'un petit, et lui montre le plus grand attachement. Jamais elle ne le quitte, et, lorsqu'elle sort de sa retraite pour chasser les termites, elle le porte sur son dos.

CHAPITRE TRENTE-DEUXIÈME

SUITE DES ANIMAUX FOSSILES ANTÉ-DILUVIENS

L'un des animaux les plus singuliers du diluvium, et dont on a retrouvé les débris au pied des monts Siva, branche de l'Hymalaya, en Asie, est le *Sivatherium*.

Le Sivatherium, dont la taille égalait celle des plus

Sivatherium.

grands rhinocéros, tenait à la fois du bœuf et du cerf. Sur sa tête énorme, prodigieusement développée, se dressaient, en avant, deux cornes placées au-dessus des yeux, et, derrière celles-ci, deux prolongements osseux terminés par un bourrelet, de la nature de ceux qui servent de base aux cornes du cerf. On suppose qu'il portait, en outre de ses cornes, des bois comme ce dernier.

Plusieurs naturalistes classent le sivatherium parmi les cerfs, et un naturaliste dessinateur a cru pouvoir le figurer tel que je vous le représente ici.

Son corps et ses jambes, vous le voyez, rappellent ceux du bœuf; mais son museau se termine par un large muffle qui s'élève au-dessus du chanfrein et dans le milieu duquel s'ouvrent les narines.

On retrouve encore à cette époque une suite nombreuse de carnassiers redoutables, parmi lesquels le *chien gigantesque*, le *grand chat des cavernes*, tigre terrible, d'un tiers au moins plus grand que le tigre de nos jours, deux ou trois *panthères* ou *léopards*, un *glouton*, des *loups* et des *renards;* sans compter les espèces dont les ossements entassés peuplent les cavernes, parmi lesquelles on remarque surtout des *hyènes* et des *ours*.

En outre du chien gigantesque, il existait à cette époque plusieurs autres *chiens* dont les restes se découvrent dans les alluvions anciennes et dans les terrains tertiaires.

Ils correspondent parfaitement à plusieurs de nos variétés actuelles, et prouvent suffisamment que les diverses races de chiens domestiques actuellement existantes, ne descendent pas toutes d'une espèce unique, ainsi que le croyait Buffon.

Le chien offre un exemple frappant de ce que peut l'homme sur la nature. Carnivore comme le loup,

la domesticité le rend omnivore; d'un naturel que-
relleur et féroce, il devient doux et obéissant. Après
l'avoir arraché à la vie nomade, l'homme le fixe dans
sa demeure, il en fait son compagnon. Suivant ses besoins, il le modifie, au physique comme au moral; il
en forme des races de grande taille, de petites, de vigoureuses, d'élancées; il dresse l'un à la chasse, l'autre à
la surveillance des troupeaux, celui-ci à la garde et à
la défense de sa maison.

Le chien est le premier animal que l'homme ait su
s'attacher; avec son aide il a dompté et réduit en
esclavage les autres animaux. Le chien joue un rôle
important dans la formation des sociétés; car, sans
lui, l'homme aurait eu bien de la peine à passer de
l'état sauvage à celui de pasteur; sans le chien, pas
de troupeau, et sans troupeau, pas de subsistance as-
surée.

Le chien actuel est donc l'œuvre de l'homme, et, de
même que son maître, il atteint un degré de civilisation plus ou moins avancé. Si sa taille, son poil,
ses formes se sont beaucoup modifiés, son intelligence
s'est également plus ou moins développée, et toujours
en rapport avec l'intelligence de ses maîtres. On pourrait sérieusement juger de la civilisation d'un peuple
ou d'une de ses classes, par l'examen des mœurs de ses
chiens.

Les chiens de berger, les mâtins, les épagneuls, les
barbets, races les plus répandues en Europe, sont aussi
les plus utiles et les plus intelligentes.

Dans les climats glacés du Nord, où l'homme vit
misérablement et à demi-civilisé, le chien reste à demi-

sauvage. Au Groënland, au Kamstchatka, on les voit
grossiers et rudes comme leurs maîtres, qui n'en peuvent
obtenir d'autre service que de traîner leurs traîneaux.

En outre des animaux dont je vous parle, beaucoup
de petits carnassiers de notre époque se multipliaient et
peuplaient les forêts antédiluviennes. Ainsi l'attestent
des débris nombreux de *belettes*, de *putois*, de *musa-
raignes*, de *taupes*, de *blaireaux*, de *chauves-souris*.

On rencontre en Europe, une espèce de ces dernières
qui ne se trouve plus aujourd'hui vivante qu'au Brésil
et à la Guyane : le *vampire*.

Vampire.

Le vampire, sur lequel on conte tant d'histoires
effrayantes, est une grande chauve-souris de la grosseur d'un petit lapin. Ses ailes mesurent soixante centimètres d'envergure; un poil épais, d'un brun rous-

sâtre, recouvre son corps, et il porte sur le nez une membrane en forme de feuille.

Au dire des voyageurs, si quelqu'un s'endort en plein air, même pendant le jour, les vampires s'approchent de lui, l'éventent de leurs ailes pour le rafraîchir, par ce moyen rendent son sommeil plus profond, et lui percent la peau avec leur langue, dure et pointue, sans qu'il en ressente cependant la moindre douleur. Ils lui sucent ensuite le sang jusqu'à l'affaiblir beaucoup, et même, parfois, à lui donner la mort si la piqûre se trouve par hasard sur une veine ou sur une artère.

Sans affirmer ce fait, plus ou moins contestable, disons que les vampires attaquent les animaux domestiques. Dans certaines contrées, ils détruisent, dit-on, le gros bétail introduit par les missionnaires.

CHAPITRE TRENTE-TROISIEME

LES SINGES

On a découvert dans les terrains d'alluvion de la Provence et de quelques autres localités de la France les ossements fossiles de plusieurs espèces de singes, entre autres ceux du *gibbon noir* qui, après les orangs, rappelle le plus l'homme par ses formes générales.

Gibbon noir.

Le gibbon ne diffère de l'orang que par des callosités aux cuisses et par des bras un peu plus longs. Sa taille mesure environ un mètre trente centimètres. De longs poils noirs recouvrent son corps allongé et grêle, et deviennent gris à l'entour de la face. Son nez est aplati, ses yeux grands, mais enfoncés, ses oreilles arrondies et bordées à peu près comme les oreilles de l'homme.

Le gibbon vit aujourd'hui en Asie; de mœurs douces et tranquilles, il n'a rien dans ses mouvements de brusque ni de précipité, comme la plupart des autres singes.

Il préfère les fruits à toute autre nourriture, et paraît toujours se tenir debout, lors même qu'il marche à quatre pieds, parce que ses bras dépassent ses jambes.

Les *macaques* et les *pithèques* ont également vécu dans nos contrées, car on retrouve leurs restes fossiles en Angleterre et en Allemagne.

On a également découvert au Brésil les ossements de plusieurs espèces de *sapajous* et de *ouistitis* qui y sont encore actuellement vivantes.

M. Albert Gaudry a fait, de 1855 à 1860, à Pikermi,

Squelette de Mésopithèque femelle.

en Grèce, des fouilles qui lui ont procuré, en grande quantité, des ossements fossiles de singes.

Ces singes appartiennent à une seule espèce nommée par M. Gaudry *mésopithèque*.

Le mésopithèque différait du magot par sa face plus allongée qui ne s'abaisse pas brusquement au-dessous des frontaux, par les mamelons de ses molaires de forme moins conique, par l'absence de lobe au cinquième mamelon de sa dernière molaire inférieure et par sa longue queue.

Mésopithèque.

Il se rapprochait un peu du mangabey par sa queue, par les proportions de ses membres, et même par sa dentition.

CHAPITRE TRENTE-QUATRIEME

L'HOMME FOSSILE

On a donc trouvé plusieurs espèces de singes fossiles appartenant à des genres très-distincts; les uns, actuellement vivants, ont vécu dans des contrées où n'existe plus aujourd'hui aucune espèce de singe; les autres appartiennent à des espèces aujourd'hui complétement disparues.

Si j'insiste sur l'existence des singes fossiles, c'est parce que longtemps on l'a contestée, et que l'on en a argué contre l'existence des fossiles humains.

Quelques écrivains soi-disant philosophes nient le déluge universel; d'autres, sans démentir cette catastrophe, prouvée par la géologie aussi bien que par les saintes Écritures, prétendent que l'homme n'en a pas été témoin.

Ils se fondent sur ce que les débris humains rencontrés dans les dépôts anciens sont excessivement rares, et qu'il devient dès lors possible qu'ils aient été volontairement ou accidentellement ensevelis dans ces couches.

Ces objections ne reposent sur rien et ne sauraient ébranler, le moins du monde, la vérité des traditions bibliques.

Le globe terrestre, avec l'immense variété d'êtres qui l'habitent, n'a pas été lancé complétement achevé, dans l'espace, par un acte instantané du Tout-Puissant.

Tout prouve au contraire qu'il provient d'un travail lent et profond, de plusieurs milliers de siècles.

La nature ne procède que graduellement et avec une sage lenteur dans ses opérations : elle n'a pas produit tous les animaux à la fois; elle n'a d'abord formé que les plus simples, dont l'organisation était en rapport avec l'état de la terre.

Et, passant de ceux-ci jusqu'aux plus composés, à mesure que les conditions vitales devenaient de plus en plus favorables sur le globe, elle a ensuite produit graduellement les êtres organisés tels que nous les voyons aujourd'hui.

En effet, je vous l'ai déjà expliqué plusieurs fois, en fouillant les entrailles du globe, on trouve des débris d'êtres d'une organisation d'autant plus simple qu'on pénètre plus profondément, tandis qu'à mesure que l'on remonte vers la surface, les êtres se rapprochent de plus en plus de l'homme par leur organisation.

L'homme a donc été le dernier terme de la création et le couronnement de l'œuvre de Dieu.

La géologie, d'accord avec la Genèse, nous apprend que de toutes les races vivantes, celle de l'homme est venue la dernière. Ses restes ne peuvent donc exister que dans les couches les plus supérieures du globe terrestre.

Les recherches de plusieurs savants éminents apprennent que dans les cavernes à ossements des diverses contrées de la France, de la Belgique et de l'Allemagne, on rencontre des ossements humains associés à des restes d'animaux dont l'espèce ne vit plus aujourd'hui sur la terre.

Auprès de ces ossements enfouis, mêlés dans le limon des cavernes, gisent souvent des fragments d'anciennes armes et de vases d'une argile grossière, des dents, des cornes et des os d'animaux travaillés.

Beaucoup de ces restes humains se rencontrent avec des ossements d'ours, de hyènes et d'éléphants, et ils présentent, quant aux changements qu'ils ont subis, la même couleur et le même degré de décomposition que les squelettes des animaux.

Donc ils sont leurs contemporains.

En outre, quelquefois usés par le frottement, quelquefois brisés par les chocs, ils ne portent jamais d'empreintes de dents.

Ils n'ont donc pas été emportés et dévorés par les bêtes féroces dont on retrouve également les os dans ces cavernes.

Le désordre dans lequel gisent les restes humains, les cailloux roulés et les fragments de roches avec lesquels ils se confondent, ainsi que la nature du sol qui renferme ces ossements, tout atteste qu'une violente inondation a charrié dans les cavernes les débris qui les remplissent.

D'un autre côté, quelques-unes des cavernes à ossements sont situées dans des contrées tellement élevées au-dessus du niveau de la mer, qu'on ne peut admettre que ces débris aient été amenés dans les grottes par une inondation partielle.

Quant au petit nombre relatif des débris humains, il s'explique facilement.

L'Ecriture sainte et l'histoire constatent que le berceau de l'espèce humaine est l'Asie, et que les bouleversements produits par le déluge ont commencé dans cette partie du monde.

C'est donc là surtout que devraient être faites les recherches.

Il existait sans doute avant le déluge quelques peuplades disséminées sur d'autres points du globe, et notamment en Europe ; car, bien que la Bible ne le dise pas expressément, on n'y trouve rien non plus qui contredise cette opinion. Les hommes devaient donc exister en fort petit nombre à l'époque du déluge, où leur apparition sur la terre était d'ailleurs relativement récente.

Les ossements des hommes tués par ce déluge ne peuvent donc se trouver que dans les couches diluviennes les plus récentes.

Or ces couches s'étendent d'ordinaire près de la surface de la terre, où la pétrification ne s'opère que très-difficilement.

Il faut admettre, en outre, que depuis quatre ou cinq mille ans auxquels remonte le déluge, les terrains diluviens, qui se trouvent ordinairement à la superficie du globe, ont subi des changements essentiels, et que ces changements doivent souvent avoir fait disparaître les restes fossiles d'ossements humains.

Pendant les grandes révolutions de la nature, les animaux cherchent presque toujours un abri. Les hommes au contraire quittent leurs demeures de peur qu'elles ne s'écroulent sur eux, et se réfugient, quand des inondations les menacent, sur les hauteurs les plus élevées. Là, si les eaux les atteignent, ils périssent à la surface de la terre, où tout organisme se décompose au lieu de se conserver.

CHAPITRE TRENTE-CINQUIÈME

ALLUVIONS MODERNES

On donne le nom d'alluvions modernes à tous les dépôts formés depuis la période actuelle et qui se forment encore aujourd'hui sous nos yeux.

Ces dépôts contiennent des produits très-variés, résultant en général de la désagrégation de toutes sortes de roches, et des ébranlements que produisent les eaux en s'infiltrant dans le sein de la terre.

Dans les contrées montagneuses, au pied des escarpements et sur les rivages où la mer bat les falaises, chaque jour se forment des accumulations d'éboulis composés de débris de roches que la pluie, la gelée et les autres agents érosifs tendent sans cesse à désagréger. Souvent ces dépôts présentent des infiltrations de matière calcaire ou ferrugineuse, faisant l'office d'un ciment qui les solidifie avec le temps.

Il existe, sur divers points, des dépôts de nature différente.

Telles sont les couches de tourbe qui naissent et se développent dans les eaux marécageuses et stagnantes.

La tourbe est une matière noirâtre et spongieuse plus

ou moins combustible, composée de parties de végétaux altérés mais encore reconnaissables, qui se forme en couches plus ou moins épaisses au fond des marais, et parfois aussi de certains étangs.

On donne à ces amas de tourbe le nom de *tourbières*.

Leurs gisements sont le plus souvent situés dans des vallées.

Il y en a cependant parfois sur des plateaux très-élevés.

Les tourbières se créent donc ordinairement dans des marais couverts en partie de plantes aquatiques, qui, par leur accumulation et leur décomposition, augmentent de plus en plus les dépôts tourbeux.

Vous comprenez que ces dépôts doivent, en raison de leur ancienneté, subir des modifications.

Les couches supérieures, où la décomposition n'est pas complète, ne présentent en effet qu'un tissu ou feutre spongieux formé de racines, de fibres et d'autres parties végétales, et ne consistent qu'en un amas de plantes flétries et pressées les unes contre les autres.

Puis les couches deviennent brunes, serrées, et l'on y distingue à peine quelques filaments végétaux.

Enfin, les couches plus profondes qui constituent la véritable tourbe sont d'une substance noire, homogène, plus dense, par suite de la compression des couches supérieures et des eaux, et offrent beaucoup de ressemblance dans leur aspect et dans leur manière de brûler avec les lignites et les bitumes.

Presque toujours l'eau recouvre les couches de tourbe qui jamais pourtant ne s'y enfoncent profondément.

Il arrive même quelquefois qu'elles surnagent à la surface de l'eau. Elles sont alors très-élastiques, se gonflent en s'imprégnant de liquide, et leur mollesse ne permet pas d'y poser le pied sans qu'on s'expose à l'y enfoncer.

Ces couches flottantes se recouvrent souvent d'une croûte mince de limon sur laquelle croissent des herbes et divers végétaux ; elles ressemblent alors à un sol ferme et deviennent dangereuses pour celui qui ne connaît pas le pays.

La tourbe ne se forme pas immédiatement dans toutes les eaux : des marais en sont remplis, tandis que d'autres n'en présentent aucune trace.

En général, elle ne naît ni dans les eaux courantes, ni dans les eaux stagnantes profondes ; il ne s'en fait pas davantage dans les eaux qui renferment beaucoup de sels en dissolution.

Les tourbières renferment habituellement des corps étrangers. On y voit souvent des arbres et même des forêts entières composées d'arbres analogues à ceux qui existent actuellement, notamment des sapins et des chênes. Elles contiennent encore des débris d'animaux et d'ossements humains.

Chose digne de remarque, ces ossements appartiennent non-seulement aux espèces vivantes de la contrée, mais encore à des animaux qui ne s'y rencontrent plus aujourd'hui, ou même dont les races ont disparu.

Enfin, des ouvrages dus à l'industrie humaine, des outils, des armes, des fragments de canots qui remontent évidemment à une très-haute antiquité, complètent les trésors mystérieux des tourbières.

On trouve encore des débris humains dans les lacs.

M. Dépine a communiqué, en 1861, à l'Académie des sciences une notice sur les villages lacustres du lac du Bourget, près d'Aix, en Savoie.

Au centre de la baie de Grézine, à cent mètres environ de la rive sud du lac, il a constaté, à un mètre sous l'eau, la présence de pilotis nombreux. Quelques fouilles faites en cet endroit ont procuré bientôt la découverte de poteries semblables à celles qu'on a trouvées et qu'on trouve encore en Suisse.

En effet, de 1853 à 1854, des pilotis et des débris de même nature ont été découverts d'abord près du hameau d'Oberleim, en Suisse; une fois l'attention excitée, on en a rencontré d'autres dans toutes les parties de la Suisse, et particulièrement dans le lac de Zurich.

Les villages lacustres qui appartiennent aux trois époques désignées par les noms d'*âge de pierre*, d'*âge de bronze* et d'*âge de fer*, se composent tous de pilotis plus ou moins grossiers, plus ou moins perfectionnés, et enfoncés dans la vase à une certaine distance de la rive, de façon à mettre ceux qui les habitaient à l'abri des attaques des bêtes féroces et probablement des surprises des hommes.

En fouillant autour de ces pilotis, à très-peu de surface du sol recouvert d'eau, on recueille des ossements humains et des ossements de bestiaux, des pierres noircies par le feu, des charbons à demi-consumés, des vases de terre, des pans de muraille et des restes de toitures. On a retiré *vingt-cinq mille* objets de diverses espèces rien que d'un de ces villages aquatiques, situé dans le lac de Neufchâtel,

Les pilotis, la plupart du temps rangés d'une façon méthodique, semblent avoir servi à soutenir des habitations et même des ponts, qui sans doute tenaient lieu de rues, comme aujourd'hui dans la plupart des villes des Pays-Bas.

Des branchages entrelacés, des plaques d'argile durcie par le feu et sur lesquelles on retrouve profondément imprimé le creux de ces branchages, apprennent comment se construisaient les murs et les plates-formes. Il existe encore presque entiers des toits coniques recouverts de chaume et de roseaux. L'eau a conservé ces végétaux de la même manière qu'elle les conserve dans les tourbières.

Des pierres grossières, mais qui ne s'en ajustaient pas moins bien entre elles, de façon à former des foyers et des fours, gisent presque sous toutes les places occupées par chaque cabane, à côté de couches de mousses provenant des montagnes voisines, et servant probablement de lits. De grands bois de cerfs, des têtes de taureaux sauvages, des armes en pierre, en bronze ou en fer, suivant les localités et suivant les profondeurs, s'y rencontrent encore.

Les armes sont des haches et des pointes de lances et de flèches. A en juger par la forme des haches, elles semblent avoir été emmanchées à la manière dont certains sauvages indiens emmanchent des armes analogues. Ces sauvages fendent le tronc d'un jeune arbre, enfoncent dans la fente une hache en pierre, l'y maintiennent à l'aide de petites bandelettes végétales et attendent quelquefois plusieurs années que la séve et le temps aient fermé la plaie de l'arbre et uni ce dernier à la hache avec une solidité à toute épreuve.

Il ne reste plus alors qu'à couper l'arbre du bas et du haut, suivant la longueur à donner au manche de l'arme si ingénieusement faite, si patiemment attendue.

Les chaumières lacustres ressemblaient pour leur grandeur à trop d'appartements parisiens; elles ne mesuraient guère que trois à cinq mètres en long et en large; un trou ménagé en guise de cheminée dans le toit conique, au-dessus du foyer, donnait issue à la fumée.

C'est particulièrement dans la Suisse allemande qu'on rencontre des débris lacustres appartenant à l'âge de pierre.

Les haches qui caractérisent cette époque, et remontent peut-être à quarante siècles, sont en serpentine et grandes de quatre à cinq centimètres. — On sait que la serpentine est une pierre verdâtre et dure. — Les unes manquent de mortaise; elles étaient sans doute emmanchées à la manière des Indiens, et comme nous venons de le dire tout à l'heure; les autres, au contraire, sont liées à des bois de cerf.

A côté de ces haches, on ramasse des couteaux, des tranchets affilés d'une manière surprenante, des scies, des marteaux, des enclumes également en pierre, des poinçons, des aiguilles en bois de cerf et une multitude de vases, la plupart brisés; on peut toutefois reconnaître leurs grandeurs diverses et leur forme constamment la même.

Ces vases se fabriquaient à la main, avec une argile grossière, noirâtre et mélangée de petits grains de quartz, évidemment pétris avec cette argile pour lui donner plus de solidité pendant sa cuisson et à l'user.

Dans les habitations lacustres, où la fabrication des armes et des outils de bronze remplace la pierre, un certain bien-être relatif succède au grossier ameublement des chaumières. Une couche de graphite teint en noir les vases d'une pâte plus fine, des nattes de chanvre et de lin succèdent aux lits en mousse; enfin, les habitants savaient fabriquer des cordes en fibres d'arbres et même de la toile.

Vienne l'âge de fer, et ces hommes ont des épingles en os, des bagues en métal, des bracelets et des colliers formés de perles, de pierres trouées; de boucles en bois de cerf et de dents d'ours; des rosaires de noisettes évidées et percées, des navettes de tisserands en os, des hochets d'enfant, des pendeloques en cristal, des parures en verroterie et en jais, de l'ambre et même du corail. L'ambre et le corail présentent les premières traces de produits étrangers importés et indiquant des relations commerciales entre les indigènes et d'autres peuples.

Les hommes de l'âge de fer avaient encore des palets en grès, soigneusement polis, qui servaient sans doute à des exercices de gymnastique, et peut-être à des jeux. Ils savaient cultiver la terre, ainsi que le démontrent des amas presque intacts de végétaux domestiques, tels que de l'orge, du froment, des pépins de pommes, de poires et des noyaux de prunes. On a même découvert dans le lac de Constance un ancien magasin contenant cent mesures d'orge et de blé en épis et un pain à demi-consumé par le feu et fait avec de l'orge grossièrement broyée.

Ce magasin, ce pain, avaient été sans doute brûlés par un terrible engin de guerre qu'on retrouve dans les trois âges, et qui prouve que l'un des premiers moyens cherchés par les habitants de ces contrées sauvages a été le moyen de détruire leurs semblables.

Cet engin de guerre se compose d'une sorte de bombe en terre à demi-friable, que l'on remplissait de charbons ardents et qu'on lançait sur les toits de chaume des villages ennemis, s'en rapportant pour le reste à la violence du vent, chargé d'allumer et de propager l'incendie. Beaucoup de ces bombes, retrouvées dans la vase où elles s'étaient éteintes, ont conservé intacts leurs formes et leurs charbons à demi-consumés.

Les hommes lacustres avaient déjà su s'attacher le chien comme un gardien et un berger, et le mouton comme un esclave et comme un aliment. Dès le premier âge, des squelettes entiers de chiens se mêlent aux ossements des brebis. Ces derniers ont été la plupart cassés, sans doute pour en extraire la moelle.

Enfin, ils ont l'épée de bronze et de fer et la massue garnie de pointes des mêmes métaux.

Toutes les bourgades lacustres, sans exceptions, ont été ravagées et détruites par le feu, et ces incendies sont évidemment l'œuvre fatale de la guerre. C'est à la demi-combustion des pilotis et des objets végétaux trouvés qu'on doit presque exclusivement la conservation de tant de curieuses épaves d'âges si éloignés.

Presque toujours, à une certaine distance des villes aquatiques, on rencontre des tombeaux creusés dans le sol de la rive.

Ces tombes profondes, soigneusement faites, attestent

à la fois le respect des indigènes pour les morts et leur horrible coutume des sacrifices humains.

On y voit, en effet, des charbons, des débris calcinés d'animaux domestiques, un lit de pierre sur lequel repose un squelette intact et à côté de lui d'autres squelettes dont tous les ossements sont brisés à coups de hache. La nature de certains de ces derniers ossements, la forme des bassins, des crânes, des dents encore à demi-développées, — des dents de sagesse, — des perles, des bracelets et des ornements attestent que non-seulement les esclaves, mais encore les femmes du défunt ont été tuées et ensevelies à côté de lui.

Les cours d'eau charrient et déposent aussi des sédiments soit sur le fond des vallées qu'ils parcourent, soit jusqu'à leur embouchure, ou même dans la mer et donnent naissance à des îles nouvelles ou à des *deltas* plus ou moins considérables.

Tels sont les deltas formés par le Rhône en France, par le Nil en Egypte, et par le Mississipi dans l'Amérique septentrionale.

Ailleurs les mers amoncellent sur quelques points de la côte ou dans leur sein, des amas de galets, des bancs de sable, qui créent des écueils dangereux pour la navigation.

Quelquefois, les tempêtes poussent ces dépôts de sable sur les plages basses de l'Océan.

Là, les vents dominants s'en emparent et les transportent dans l'intérieur des terres sous forme de traînées et de monticules qu'on nomme *dunes*.

Ces dépôts se divisent comme ceux des terrains anciens :

En *formations neptuniennes* comprenant celles dans lesquelles l'eau joue un rôle plus ou moins important ;

Et en *formations plutoniennes* comprenant les produits des volcans modernes, tels que les laves et les scories.

Certains dépôts sont purement terrestres.

Ainsi l'*humus* est une couche de terreau ou de terre végétale qui se forme à la surface du sol, dans un grand nombre de contrées, par la succession des débris de végétaux qui meurent chaque année.

Il en est de même de la *tourbe de montagne* composée de mousses, de lichens et de graminées qui, constituent une subtance fibreuse analogue à la tourbe des marais.

Les débris animaux que renferment les couches terrestres formées pendant la dernière époque géologique apprennent d'une manière certaine que plusieurs espèces animales ont cessé d'exister depuis la naissance de l'homme sur le globe, et que d'autres ont disparu des lieux qu'elles habitaient primitivement.

A mesure que l'homme se perfectionne par la civilisation, son action sur tout ce qui l'entoure devient plus puissante : il façonne le sol, il multiplie les végétaux et les animaux nécessaires à son alimentation ou à son industrie, en même temps qu'il détruit ou éloigne ceux qui pouvaient lui nuire.

Les lions, les panthères, les ours, les taureaux sauvages vivaient sur notre sol à une époque très-reculée sans doute, mais déjà contemporaine de l'espèce humaine.

Ainsi l'attestent les ossements d'hommes renfermés dans un même limon avec les débris de ces animaux et divers objets de l'industrie humaine, tels que des haches en pierre, et des poteries grossières, dénotant une civilisation peu avancée.

De nos jours, le lion a disparu du sol européen pour se réfugier dans les vastes solitudes de l'Asie et de l'Afrique. En Algérie, il a suffi de l'occupation française pendant quelques années pour bannir cet animal de tout le versant septentrional de l'Atlas. Déjà même il devient plus rare de l'autre côté, depuis que les colons s'y établissent et lui apprennent à redouter le fusil.

Il n'en est pas moins certain que le lion et la panthère ont habité jadis et peut-être même dans les temps historiques, certaines parties de la Germanie.

Si l'on repousse le témoignage des vieilles légendes et des anciens poëmes qui parlent de ces animaux, au moins ne peut-on révoquer en doute leur présence dans la Grèce, puisque Hercule y tua le lion de Némée; et qu'Hérodote raconte que des chameaux portant les vivres des Perses en Macédoine furent attaqués par des lions sur les bords du Nessus.

Il en est de même du terrible ours des cavernes, dont on trouve les ossements dans le *dépôt calcaire supérieur* ou *limon du diluvium*.

Fort probablement il était encore, ainsi que l'aurochs ou taureau sauvage, un gibier de grande chasse pour nos rudes ancêtres.

De tous ces animaux, le loup seul habite aujourd'hui nos contrées; encore a-t-il complétement disparu du sol de l'Angleterre, et ne tardera-t-il pas, sans doute, à disparaître également du territoire français.

Le *cerf à bois gigantesques*, dont les débris gisent en si grande quantité dans les tourbières de l'Irlande et de l'Allemagne, et jusque dans celles de la France, n'existe plus aujourd'hui nulle part.

L'*élan* et le *renne*, actuellement confinés dans les régions boréales, vivaient jadis dans des contrées beaucoup plus méridionales, puisqu'on déterre leurs restes en Allemagne, et dans la vallée de la Somme, en France.

Malheureusement l'incurie de l'homme et son désir de jouir du présent l'entraînent trop souvent au delà du but

Que d'espèces utiles il a perdues ou se trouve sur le point de perdre pour en avoir fait une destruction hors de toute proportion avec la reproduction.

Les castors, que l'on rencontrait autrefois rassemblés en sociétés de deux à trois cents individus, sur les bords des lacs et des cours d'eau du Canada, ne se trouvent plus que disséminés ou réunis en familles peu nombreuses et rares, et bientôt leur race, poursuivie à outrance par les trappeurs, disparaîtra du sol américain.

La loutre de mer, qui faisait la richesse des établisse-

Loutre de mer.

ments russes du Kamtschatka, est aujourd'hui à peu près détruite.

Cet animal fournissait une fourrure estimée à cause du lustre de son poil, d'un beau brun noir, épais et moelleux.

La loutre de mer devient tellement rare qu'une seule peau de cet animal se vend de douze à quinze cents francs.

Les phoques, que les voyageurs anciens nous représentent couvrant de leurs troupeaux immenses les rivages de certaines mers, subissent une semblable destinée.

Les morses auxquels on fait une chasse active pour leur graisse et pour leurs grandes défenses d'ivoire, paraissent une sorte de rareté là où ils vivaient jadis par troupeaux de plusieurs centaines.

Une relation de voyage au pôle nord en 1704 rapporte que l'équipage d'un navire anglais tua plus de *deux cent cinquante* morses, en quelques heures, près de l'île Cherry, par 75° latitude nord, et, en 1706, les matelots d'un autre bâtiment en massacrèrent plus de *sept cents* en une seule journée. De pareilles boucheries anéantissent promptement une race d'animaux qui ne produisent qu'un seul petit à la fois.

C'est ce qui est arrivé pour le stellère, espèce voisine du lamantin, encore fort abondante il y a un siècle dans les parages du Groenland et du Kamtschatka.

Les matelots en ayant mangé et trouvant sa chair délicieuse, en firent grand bruit à leur retour en Europe. Il s'ensuivit une chasse acharnée. Moins de trente ans après que le navigateur Steller eut fait connaître ce cétacé, l'espèce avait complétement disparu.

L'académie de Saint-Pétersbourg, dans un but scientifique, s'est donné les plus grandes peines pour retrouver dans les mers boréales un individu de cette espèce. Ses tentatives sont demeurées infructueuses ; et d'un animal qui pesait plusieurs milliers, il ne reste aujourd'hui qu'une description incomplète et un mauvais dessin.

On ne sait où poursuivre la baleine et le cachalot dont il existait des troupeaux considérables ; on les cherche jusqu'au milieu des glaces du pôle, tandis qu'autrefois ces gigantesques cétacés peuplaient toutes les mers.

On les rencontrait même dans la baie de Biscaye, et y a cent cinquante ans, les seuls Hollandais envoyaient chaque année *vingt mille* hommes à la pêche de la baleine.

Les oiseaux *coureurs* ou *brevipennes*, qui sont impropres au vol à cause du poids de leur corps et de la brièveté de leurs ailes, ont en partie succombé aux poursuites de l'homme.

L'*outarde* en Europe, l'*autruche* en Afrique, le *nandou* en Amérique, le *casoar* en Asie, l'*émeu* en Australie, deviennent très-rares ; car la rapidité de leur course ne peut les soustraire aux armes et aux piéges des hommes.

Trois autres espèces remarquables sont déjà éteintes ou à la veille de s'éteindre.

Le *dodo* ou *dronte*, vu par les Hollandais à l'île Maurice, près de Madagascar, n'existe plus.

Le *nandou*, le *casoar*, s'ils ne volent point, du moins courent très-rapidement ; mais le dronte, accablé par son propre poids, pouvait à peine se traîner.

Sa taille dépassait celle du dindon, et son corps trapu

et presque rond reposait sur deux jambes énormes, très-
courtes. Quoique robuste et armé d'un bec acéré et
tranchant, il se laissait approcher sans fuir et tuer à

Dronte.

coups de bâton. On ne lui faisait pas la chasse pour le
goût exquis de sa chair, puisque les Hollandais l'appelaient *walgh-vogel,* ou oiseau de dégoût, à cause de sa
mauvaise odeur, et cependant son espèce se trouve
détruite. Il n'en subsiste plus d'autres vestiges qu'un
tableau conservé en Angleterre, et la tête et les pieds
d'un individu appartenant aux collections du musée
d'Oxford.

La seconde espèce détruite est le *dinornis* (oiseau
terrible). Ses débris, trouvés dans les couches supérieures de la Nouvelle-Zélande, prouvent qu'il vivait
encore longtemps après l'apparition de l'homme sur la
terre.

Aucune tradition ne rappelle cependant son existence, à moins qu'on ne lui attribue les récits extraordinaires que font les contes orientaux du *roch*, cet oiseau gigantesque, qui, lorsque l'éléphant combattait le rhinocéros, les enlevait tous les deux dans ses serres puissantes.

Le dinornis, le plus grand de tous les oiseaux, si l'on en juge par ses restes, devait atteindre la taille d'un grand éléphant; son tibia, long de plus d'un mètre et gros à proportion, indique, pour la totalité du corps, une longueur de quatre à cinq mètres; ses œufs, dont on a retrouvé les coquilles, dépassent trois fois en grosseur les œufs de l'autruche.

La troisième espèce, sinon tout à fait perdue, du

Aptérix.

moins à la veille de disparaître, est le *kiwi* ou *aptéryx* (sans ailes).

Ce singulier oiseau, qui habite la Nouvelle-Zélande, devient tellement rare, qu'on n'a pu encore s'en procurer un individu vivant pour la ménagerie de Londres.

Complétement privé d'ailes, ses plumes filiformes ressemblent à de longs poils : ses pattes sont voisines des pattes d'un gallinacé, et son long bec rappelle le bec de la bécasse.

Les naturels de la Nouvelle-Zélande l'appellent *kiwi-kiwi,* à cause de son cri. Il habite les forêts les plus épaisses et les plus sombres de l'île et ne pond qu'un seul œuf. Sa chair est délicate. Quoique rapide coureur, les indigènes et les chiens à moitié sauvages de l'île, ont à peu près détruit complétement l'espèce.

CHAPITRE TRENTE-SIXIEME ET DERNIER

CONCLUSION.

En ce moment minuit sonna.

— C'est assez deviser comme cela, mes amis, dit le colonel. Maintenant éteignons les lumières, dormons jusqu'au jour et prenons le repos nécessaire pour continuer demain matin, notre travail dans le champ de la mère Javotte.

— Je ne crois pas qu'il nous y reste à faire des trouvailles bien importantes au point de vue de la science, mais j'ai promis de donner un puits et un champ bien remué et bien fouillé au père Maréchal : il s'agit donc pour vous de tenir ma promesse et de prouver à ce fainéant de la Belette, que deux bras de soldat du génie font plus de besogne en une heure que les bras d'un drôle de son espèce.

— Comptez sur nous ! répondirent-ils comme d'une seule voix, comptez sur nous.

— Merci, mes enfants ! Couchons-nous donc sur nos bottes de paille et avant de nous laisser aller au sommeil, jetons un dernier regard sur la causerie que nous avons faite ce soir ; elle résume l'œuvre sublime de la création, et nous montre la science et ses découvertes parfaitement d'accord avec la grande et brève indication de la Genèse. La création de la terre est l'œuvre d'une durée de temps incalculable, car, pour Celui *qui est*, pour Celui qui n'a ni commencement ni fin, les siècles succédant aux siècles ne sont rien. Faisons donc une courte et bonne prière et dormons.

A peine achevait-il ces mots que les lumières s'éteignaient, et qu'un profond silence régnait peu à peu dans la grange.

Au point du jour, le colonel et le docteur se mirent les premiers sur pied, et firent donner le signal du réveil par un clairon.

Les soldats se levèrent aussitôt, secouèrent les brins de paille attachés à leurs vêtements, coururent à une fontaine voisine faire d'amples ablutions, déjeunèrent, allumèrent chacun un cigare que leur distribua le docteur et se rendirent au champ de la mère Javotte, où les avait déjà devancés une grande foule de paysans. Ils se mirent à l'œuvre de façon à s'attirer l'admiration et les applaudissements de ces derniers.

Comme l'avait prévu le colonel, les fouilles de la journée ne produisirent point de résultats nouveaux, mais des résultats importants, en ce sens qu'ils amenèrent la découverte d'un squelette complet d'éléphant fossile, beaucoup plus grand que celui dont la Belette faisait l'exhibition.

Vers le soir, le colonel envoya chercher par un de ses sous-officiers maître Maréchal, qui, après bien des hésitations, arriva l'air embarrassé, l'oreille basse et le visage couvert de honte. Il ne se serait même pas décidé à se rendre à l'invitation du colonel, si le curé ne fût survenu qui lui offrit son bras et le conduisit dans le champ où l'attendaient le colonel et son ami.

A la vue de la conduite charitable de l'excellent prêtre, le colonel se sentit désarmé. Il reçut donc froidement, mais sans rudesse, Pierre Maréchal.

— Monsieur, lui dit-il, je vous rends votre champ tel que je vous l'ai promis. Voici un puits excellent et plein d'eau, et vous pouvez livrer à la culture votre champ mieux labouré que si dix charrues l'eussent sillonné pendant huit jours; je suis donc quitte envers vous.

— Non pas, colonel, non pas ! balbutia à voix basse Pierre Maréchal.

— Comment, non pas? se hâta de demander le docteur de Frémicourt, qui craignait que le colonel ne s'emportât.

— Colonel, se hâta de reprendre Maréchal, je reconnais que vous avez rempli vos promesses et bien au-delà de ce que j'attendais. Mais si vous êtes quitte envers moi, je ne le suis point envers vous. Je vous prie donc de remettre à monsieur le curé cette bourse que vous m'avez donnée lorsque nous avons traité ensemble. Je vous dois un excellent puits et un champ en bon état, mais je dois plus encore au digne prêtre. Je lui dois par son exemple d'avoir compris la charité. Qu'il distribue donc cet argent aux pauvres, et qu'avec le temps il veuille bien devenir mon ami.

— Touchez là, interrompit le colonel, qui sentait une larme dans ses yeux. Touchez là, monsieur Maréchal ! Les paroles que vous venez de dire me causent plus de satisfaction que la découverte des fossiles les plus rares et les plus précieux que renferme la terre.

Maréchal ne put contenir plus longtemps ses sanglots.

M. de Frémicourt passa son bras sous le bras du pauvre homme.

— Allons, dit-il, venez avec nous à l'auberge, où nous allons, dans un souper, célébrer avec le colonel, M. le curé, et nos braves soldats, la fin de notre petite excursion paléontologique.

Et il donna le signal du départ.

En arrivant à l'auberge, ils trouvèrent sur le seuil la Belette, qui, sans vergogne, et avec son impudence ordinaire, proposa à M. de Frémicourt de lui acheter les ossements de son géant.

M. de Frémicourt, pour toute réponse, lui montra le magnifique squelette de mastodonte complet que rapportaient ses soldats.

Ceux-ci se prirent à rire aux éclats de la déconvenue du garçon de ferme, qui se hâta bien vite de s'esquiver.

FIN.

TABLE DES MATIÈRES

TABLE DES GRAVURES

IMPRIMERIE PARISIENNE. — DUPRAY DE LA MAHÉRIE ET Cⁱᵉ

26, Boulevart Bonne-Nouvelle, Impasse des Filles-Dieu, 5. — 1214.